もくじ

学習日　　月　　日

1日目　数と式①

整理しよう

解答➡別冊p.2

1　正の数・負の数

1　次の問いに答えなさい。

(1)　-0.7の絶対値と，最も小さな自然数をくらべたときに，小さいほうを書きなさい。

(　　　　　)

(2)　0，1，-4，-3，$-\dfrac{10}{3}$を小さい順に並べなさい。

(　　　　　　　　　　　)

2　次の計算をしなさい。

(1)　$2+(-5)$　　(2)　$5-4\div2^2$

(3)　$-6^2\times\dfrac{1}{4}$　　(4)　$(-12)\div\left(-\dfrac{3}{4}\right)\times(-2)$

2　文字の式

3　次の数量を，文字を使った式で表しなさい。

(1)　x円の9割

(　　　　　)

(2)　分速70mでa分歩いた道のり

(　　　　　)

(3)　半径$r$cmの円の面積

(　　　　　)

(4)　y%の食塩水1kgに含まれる食塩の重さ(g)

(　　　　　)

1

自然数

正の整数
(0は自然数ではない。)

絶対値

数直線上での0との距離

正負の数の大小

(負の数)<0<(正の数)

確認　**除法**

逆数にして乗法にする。

例　$3\div(-6)=3\times\left(-\dfrac{1}{6}\right)$

注意

累乗《るいじょう》の計算は，指数が(　)の外にあるかどうかに注意する。

例　$(-3)^2=(-3)\times(-3)$
　　$-3^2=-(3\times3)$

重要

乗除の計算の符号は，
　$-$が奇数個…$-$
　$-$が偶数個…$+$

例　$(-4)\div(-2)\times(-3)$
　　→ $-$が3個…$-$
　　$(-4)^3\times(-1)^3\div(-2)^2$
　　→ $-$が8個…$+$

2

割合の表し方

a割$=\dfrac{a}{10}$

$b\%=\dfrac{b}{100}$

速さの計算

道のり＝速さ×時間

4 次の数量の関係を，等号か不等号を用いて表しなさい。

(1) 1個x円のみかん8個と，1個y円のりんごを3個買うと，代金の合計は800円より安かった。

（　　　　　　　　）

(2) 容積がaLの水そうに，毎分5Lずつ水を入れると，いっぱいにするのにb分かかった。

（　　　　　　　　）

3　式の計算

5 次の問いに答えなさい。

(1) $a=-7$のとき，$4a-8$の値を求めなさい。

（　　　　）

(2) $x=-3$のとき，$-2x^2-5x$の値を求めなさい。

（　　　　）

6 次の計算をしなさい。

(1) $4ax\times(-2xy)$

(2) $(-2x)^3\div(-4x)^2$

(3) $-\dfrac{5}{2}xy\times\left(-\dfrac{6}{5}x\right)$

(4) $-2a^3b^3\div\dfrac{1}{3}a^2b$

7 次の計算をしなさい。

(1) $3(2a-4b)+4(-a+b)$

(2) $2(4x-3y)-5(x-y)$

(3) $\dfrac{5}{3}x-3y-\dfrac{1}{3}(x-3y)$

(4) $\dfrac{2x+y}{3}-\dfrac{3x-y}{4}$

重要 文字式のきまり

- ×ははぶく。
- ÷は逆数のかけ算に。
- 文字と数の積は数が前。
- πは数のあと，その他の文字の前に書く。
- 同じ文字の積は累乗に。
- 係数の1は書かない。
- 文字の並びはアルファベット順が基本。

3

注意

負の数を代入するときは，( )を付けて代入する。

例 $x=-2$のとき，
$4x+1=4\times(-2)+1$

重要 四則演算の順番

①( )の中
②累乗
③乗法・除法
④加法・減法

例 $a\div bc^2\times(d+d)$
$=\dfrac{a\times2d}{b\times c\times c}$

分配法則で( )をはずす

$a(b+c)=ab+ac$

同類項はまとめる

例 $5a-2a=(5-2)a=3a$

分数の形のときは通分する

例 $\dfrac{x+y}{2}-\dfrac{x}{6}$
$=\dfrac{(x+y)\times3}{2\times3}-\dfrac{x}{6}$

1日目　数と式①

定着させよう

解答➡別冊p.2

1 絶対値が2.5より小さい整数はいくつあるか，求めなさい。　[5点]〈和歌山〉

〔　　　　〕

2 次の計算をしなさい。　[4点×6]

(1) $-5-8\times\frac{1}{4}$　〈北海道〉

(2) $\frac{2}{7}-\frac{3}{5}$　〈兵庫〉

(3) $20\div(-5)$　〈愛媛〉

(4) $-3+5\times(-1)^3$　〈青森〉

(5) $5\times(-2)^2\div6$　〈大阪〉

(6) $2-5\times(2-5)$　〈愛知〉

3 次の問いに答えなさい。　[5点×3]

(1) 25mのテープからxmのテープを7本切り取るとym残る。この数量の関係を等式に表しなさい。　〈愛知〉

〔　　　　〕

(2) 1本a円の鉛筆3本とb円の筆箱1箱を買ったとき，代金の合計が700円より高くなった。この数量の関係を不等式で表しなさい。　〈秋田〉

〔　　　　〕

(3) 1年A組の男子生徒の人数は20人である。そのうちの1人が欠席したある日，保健体育の授業で50m走を行ったところ，出席した19人の記録の平均はa秒であった。欠席した男子生徒は別の日に50m走を行い，記録はb秒であった。
このとき，1年A組の男子生徒20人の記録の平均を，a，bを用いて表しなさい。〈静岡〉

〔　　　　〕

4 次の問いに答えなさい。 [5点×2]

(1) $x=2$, $y=-\dfrac{1}{2}$のとき，$(3x-2y)+2(2x-y)$の値を求めなさい。 〈福島〉

〔　　　　　　〕

(2) $2x-5y=7$をxについて解きなさい。 〈栃木〉

〔　　　　　　〕

5 次の計算をしなさい。 [4点×4]

(1) $8x^4y^3 \div 4xy^2$ 〈栃木〉

(2) $(-4a)^2 \times b \div 8ab$ 〈静岡〉

(3) $ab \times a \times (-b)^2$ 〈新潟〉

(4) $\dfrac{10}{3}a^3b^2 \div \dfrac{5}{9}a^2b^2$ 〈石川〉

6 次の計算をしなさい。 [5点×4]

(1) $-7(a+2b)+2(3a-b)$ 〈三重〉

(2) $3(x-2y)-4(2x-3y)$ 〈愛媛〉

(3) $\dfrac{2a-b}{3}-\dfrac{5a-3b}{4}$ 〈高知〉

(4) $\dfrac{3x-y}{2}-\dfrac{7x+y}{5}$ 〈石川〉

7 3けたの整数で，百の位の数と一の位の数の和が，十の位の数と等しいならば，この3けたの整数は11の倍数である。

このことを，3けたの整数をM，Mの百の位の数をa，十の位の数をb，一の位の数をcとして，説明しなさい。 [10点]〈山口・改〉

学習日　　月　　日

2日目 数と式②

整理しよう

解答➡別冊p.3

1 式の展開

1 次の式を展開しなさい。

(1) $(a-1)(b+2)$　　(2) $(x+3)(x+4)$

(3) $(x+3)^2$　　(4) $(x+2y)(x-2y)$

2 $(2n-1)(2n-5)-(2n-3)^2$ を計算しなさい。

(　　　　)

2 因数分解

3 次の式を因数分解しなさい。

(1) $5a^2+15a$　　(2) $x^2+14x+13$

(3) $x^2-10x+25$　　(4) $a^2+2a-24$

(5) x^2-81　　(6) $3x^2-12x-36$

4 次の計算をしなさい。

(1) 78^2-22^2　　(2) 345^2-344^2

1

展開

単項式や多項式の積を，かっこをはずして単項式の和にすること。

例 $(a+b)(c+d)$

$=ac+ad+bc+bd$

注意

同類項はまとめる。

例 $a^2+2a+3a^2+a$

$=4a^2+3a$

重要 乗法公式

$(x+a)(x+b)$
$=x^2+(a+b)x+ab$

$(a+b)^2=a^2+2ab+b^2$

$(a-b)^2=a^2-2ab+b^2$

$(a+b)(a-b)=a^2-b^2$

2

因数分解

多項式を，多項式や単項式の積として表すこと。

例 $ax+bx=(a+b)x$

積として表されている個々の式を因数という。

重要 因数分解の公式

$x^2+(a+b)x+ab$
$=(x+a)(x+b)$

$a^2+2ab+b^2=(a+b)^2$

$a^2-2ab+b^2=(a-b)^2$

$a^2-b^2=(a+b)(a-b)$

3　平方根

5　次の問いに答えなさい。

(1)　9 の平方根を求めなさい。

（　　　　　　　）

(2)　$2\sqrt{7}$，5 のうち，小さいほうを書きなさい。

（　　　　　　　）

(3)　$\dfrac{1}{3}$，$\sqrt{2}$，$\sqrt{9}$，-0.6，π（円周率）のうち，無理数であるものをすべて選びなさい。

（　　　　　　　　　　　　）

6　次の計算をしなさい。

(1)　$\sqrt{20}\times\sqrt{2}$

(2)　$\sqrt{6}\div\sqrt{24}$

(3)　$\dfrac{4}{\sqrt{3}}\times\sqrt{\dfrac{9}{2}}$

(4)　$\sqrt{54}\div\sqrt{\dfrac{2}{3}}$

(5)　$\sqrt{27}+4\sqrt{3}$

(6)　$\sqrt{8}-\sqrt{18}-\sqrt{50}$

(7)　$\dfrac{6}{\sqrt{3}}+\sqrt{27}$

(8)　$\dfrac{\sqrt{45}}{3}-\dfrac{20}{\sqrt{5}}$

7　次の計算をしなさい。

(1)　$\sqrt{3}(\sqrt{15}-4\sqrt{3})$

(2)　$(\sqrt{5}+2)(\sqrt{5}-3)$

(3)　$(\sqrt{7}-\sqrt{3})^2$

(4)　$(\sqrt{3}+2\sqrt{6})(\sqrt{3}-2\sqrt{6})$

3

平方根

$x^2=a$ となる数 x を，a の**平方根**という。

$a\geqq 0$，$x=\pm\sqrt{a}$

有理数と無理数

$\dfrac{整数}{整数}$ で表せる数を**有理数**，表せない数を**無理数**という。

重要　平方根の大小

$0<a<b$ のとき

$\sqrt{a}<\sqrt{b}$

重要　平方根の計算

$a>0$，$b>0$ のとき

$\sqrt{a}\times\sqrt{b}=\sqrt{ab}$

$\dfrac{\sqrt{a}}{\sqrt{b}}=\sqrt{\dfrac{a}{b}}$

$a=\sqrt{a^2}$

注意

・根号内はできるだけ小さい自然数にする。

例　$\sqrt{12}=\sqrt{2^2\times 3}=2\sqrt{3}$

・分母に根号がある数は，分母に根号がない形に変形する（分母を**有理化**《ゆうりか》する）。

例　$\dfrac{\sqrt{2}}{\sqrt{3}}=\dfrac{\sqrt{2}\times\sqrt{3}}{\sqrt{3}\times\sqrt{3}}$

$=\dfrac{\sqrt{6}}{3}$

平方根を含む数の加減

同じ数の平方根を含んだ式は，**同類項**のように計算できる。

例　$2\sqrt{3}+5\sqrt{3}$

$=(2+5)\sqrt{3}$

$=7\sqrt{3}$

2日目 数と式②

定着させよう

解答➡別冊p.4

1 次の式を展開しなさい。 [2点×2]

(1) $(x-3y)(3x+2y)$ 〈大阪〉

(2) $(3x+1)^2$ 〈群馬〉

2 次の計算をしなさい。 [3点×4]

(1) $(x+3)(x-3)-(x-4)^2$ 〈高知〉

(2) $(2x+y)^2-(x+2y)^2$ 〈和歌山〉

(3) $(x+2)(x+3)-(x+4)^2$ 〈神奈川〉

(4) $(x-3)(x+3)-(x-3)^2-6x$ 〈愛知〉

3 次の式を因数分解しなさい。 [4点×6]

(1) $x^2-14x+49$ 〈岩手〉

(2) x^2-4 〈栃木〉

(3) x^2-5x-6 〈三重〉

(4) x^2+6x+5 〈徳島〉

(5) $(x-12)(x-2)+3x$ 〈香川〉

(6) $(x-2)^2+4(x-2)-12$ 〈福井〉

4 $a=5$, $b=\dfrac{7}{3}$のとき，$a^2-6ab+9b^2$の値を求めなさい。 [4点]〈静岡〉

〔　　　　　　　　〕

5 次の計算をしなさい。 [4点×10]

(1) $\sqrt{6} \div \sqrt{3} + \sqrt{2}$ 〈北海道〉

(2) $12 \div \sqrt{6} + \sqrt{24}$ 〈石川〉

(3) $\sqrt{32} - 2\sqrt{18} + 5\sqrt{2}$ 〈千葉〉

(4) $\sqrt{3} \times (\sqrt{27} - \sqrt{12})$ 〈愛知〉

(5) $\sqrt{3}(\sqrt{3} - 5) + \sqrt{48}$ 〈静岡〉

(6) $\sqrt{54} - \dfrac{42}{\sqrt{6}}$ 〈神奈川〉

(7) $\sqrt{2} - \sqrt{8} + \dfrac{16}{\sqrt{2}}$ 〈青森〉

(8) $\sqrt{18} + \dfrac{3}{\sqrt{2}}$ 〈福井〉

(9) $(2\sqrt{7} - \sqrt{5})(2\sqrt{7} + \sqrt{5})$ 〈三重〉

(10) $(\sqrt{7} + 1)(\sqrt{7} - 2)$ 〈秋田〉

6 次の問いに答えなさい。 [4点×2]

(1) $x = -4 + \sqrt{2}$ のとき，$x^2 + 8x + 16$ の値を求めなさい。 〈埼玉〉

〔　　　　〕

(2) $x = \sqrt{7} + 2$，$y = \sqrt{7} - 2$ のとき，$x^2 - y^2$ の値を求めなさい。 〈京都〉

〔　　　　〕

7 次の問いに答えなさい。 [4点×2]

(1) $\sqrt{2} < x < \sqrt{19}$ を満たす整数 x を，小さい順にすべて書きなさい。 〈群馬〉

〔　　　　〕

(2) $\sqrt{10}$ の小数部分を a とするとき，$a(a+6)$ の値を求めなさい。 〈奈良〉

〔　　　　〕

学習日　　月　　日

3日目　方程式

整理しよう

解答➡別冊p.5

1　1次方程式

1　次の1次方程式を解きなさい。

(1)　$4x-7=x+8$　　(　　　　)

(2)　$9(x+7)=4(x+2)$　　(　　　　)

(3)　$0.4x+2.3=10-0.3x$　　(　　　　)

(4)　$0.1x-2.2=0.5x+6.2$　　(　　　　)

(5)　$-\frac{1}{2}x+2=\frac{2}{3}x-5$　　(　　　　)

(6)　$\frac{x+5}{6}=\frac{3}{4}x-\frac{3}{2}$　　(　　　　)

2　比例式

2　次の比例式を満たすxの値を求めなさい。

(1)　$5:3=3:x$　　(　　　　)

(2)　$x:4=(5-x):6$　　(　　　　)

3　連立方程式

3　次の連立方程式を解きなさい。

(1)　$\begin{cases} 2x+4y=12 \\ x+y=7 \end{cases}$　　(　　　　)

(2)　$\begin{cases} 4x-5y=3 \\ 2y=x+3 \end{cases}$　　(　　　　)

1

重要　1次方程式の解き方

①文字の項は左辺，数の項は右辺に移項する。
②$ax=b$の形にする。
③両辺をaで割る。

2

比例式の性質

外項の積＝内項の積

内項の積

$a:b=c:d$ のとき，

外項の積

$ad=bc$

3

重要　連立方程式の解き方

加減法

1つの文字の係数の絶対値をそろえ，和か差を求めてその文字を消去する。

例　$\begin{cases} x+y=2 & \cdots① \\ 3x+2y=3 & \cdots② \end{cases}$

①×3　　$3x+3y=6$
②　$-)\ 3x+2y=3$
　　　　　$y=3$

代入法

例　$\begin{cases} x+y=2 & \cdots① \\ 3x+2y=3 & \cdots② \end{cases}$

①より $y=-x+2$
（yをxで表す）
②に代入すると，
$3x+2(-x+2)=3$

4 次の方程式を解きなさい。

(1) $4x+y=7x+3y=10$　　(2) $x+\frac{3}{2}y=\frac{1}{3}x+2y=9$

(　　　　　)　　(　　　　　)

4　2次方程式

5 次の2次方程式を，因数分解を利用して解きなさい。

(1) $x^2+5x=0$　　(2) $x^2-12x+36=0$

(　　　　　)　　(　　　　　)

(3) $x^2-8x-33=0$　　(4) $x^2-16=0$

(　　　　　)　　(　　　　　)

6 次の2次方程式を，$a(a>0)$の平方根が$\pm\sqrt{a}$であることを利用して解きなさい。

(1) $x^2=27$　　(2) $(x-5)^2=2$

(　　　　　)　　(　　　　　)

7 次の2次方程式を，$(x+m)^2=k$の形にして解きなさい。

(1) $x^2+2x-1=0$　　(2) $x^2-6x+1=0$

(　　　　　)　　(　　　　　)

8 次の2次方程式を，解の公式を利用して解きなさい。

(1) $x^2+5x+3=0$　　(2) $3x^2-4x-2=0$

(　　　　　)　　(　　　　　)

$A=B=C$の形の方程式

$A=B$，$B=C$，$A=C$という3つの方程式をつくることができる。このうちの2式を使って解けばよい。

4

重要 2次方程式の解法

因数分解の利用

$(x+p)(x+q)=0$のとき，解は，$x=-p,\ -q$

平方根の利用

$(x+m)^2=k$のとき

$x+m=\pm\sqrt{k}$より，

$x=-m\pm\sqrt{k}$

$(x+m)^2=k$の形の作り方

例 $x^2+4x+1=0$のとき

数の項1を移項

$x^2+4x=-1$

xの係数4の半分の2の2乗を両辺にたす

$x^2+4x+2^2=-1+2^2$

$(x+2)^2=3$

解の公式

$ax^2+bx+c=0$のとき

$$x=\frac{-b\pm\sqrt{b^2-4ac}}{2a}$$

注意

・根号内はできるだけ小さい自然数にする。

・約分できれば約分する。

例 $x^2+4x+1=0$のとき

$$x=\frac{-4\pm\sqrt{4^2-4\times1\times1}}{2\times1}$$

$=\frac{-4\pm\sqrt{12}}{2}$　根号内は小さく

$=\frac{-4\pm2\sqrt{3}}{2}$　約分する

$=-2\pm\sqrt{3}$

3日目　方程式

定着させよう

解答➡別冊p.6

1 次の１次方程式を解きなさい。　[4点×2]

(1) $5x-6=2(x+3)$　〈新潟〉

(2) $7(x-1)=5x+9$　〈奈良〉

2 次の方程式を解きなさい。　[6点×2]

(1) $\dfrac{x-4}{3}+\dfrac{7-x}{2}=5$　〈和歌山〉

(2) $\dfrac{3x-9}{5}+7=\dfrac{x+10}{3}$　〈大阪〉

3 次の比例式を満たすxの値を求めなさい。　[4点×2]

(1) $(x-4):3=x:5$　〈青森〉

(2) $15:(x-2)=3:2$　〈茨城〉

4 次の連立方程式を解きなさい。　[5点×4]

(1) $\begin{cases} y=x-4 \\ 2x-3y=5 \end{cases}$　〈長野〉

(2) $\begin{cases} x+3y=4 \\ 2x+5y=6 \end{cases}$　〈埼玉〉

(3) $\begin{cases} 7x-4y=2 \\ 5x-2y=4 \end{cases}$　〈大分〉

(4) $\begin{cases} 5x-3y=-1 \\ x+6y=13 \end{cases}$　〈茨城〉

5 x, yについての連立方程式$\begin{cases} 2ax+by=-4 \\ ax-by=-5 \end{cases}$の解が，$(x,\ y)=(-1,\ 2)$であるとき，$a$，$b$の値を求めなさい。 ［8点］〈徳島〉

6 次の2次方程式を解きなさい。 ［4点×6］

(1) $x^2-4x-5=0$ 〈奈良〉

(2) $x^2+5x-24=0$ 〈大阪〉

(3) $(x-1)^2=3$ 〈栃木〉

(4) $(x-3)^2=5$ 〈富山〉

(5) $3x^2-5x+1=0$ 〈茨城〉

(6) $5x^2-3x-1=0$ 〈埼玉〉

7 次の方程式を解きなさい。 ［6点×2］

(1) $(x+1)(x-6)+9=0$ 〈大分〉

(2) $(2x-5)(x+1)-(x-1)^2=0$ 〈大阪〉

8 xについての2次方程式$x^2+ax-12=0$の解の1つが-2であるとき，もう1つの解を求めなさい。 ［8点］〈滋賀〉

学習日　　月　　日

4日目　方程式の利用

整理しよう

解答➡別冊p.7

1　1次方程式の利用

1 次の問いに答えなさい。

(1) 何人かの子どもに鉛筆を5本ずつ配ると20本足りない。また，4本ずつ配ると17本余る。子どもの人数を求めなさい。

(　　　　　　　)

(2) 3％の食塩水500gに9％の食塩水を加え，5％の食塩水を作りたい。9％の食塩水を何g加えればよいか求めなさい。

(　　　　　　　)

1

1次方程式を使った解き方

①何をxで表すか決める。
②数量の間の関係をみつけ，xを使った方程式をつくる。
③方程式を解く。
④解が問題に適しているか確かめる。

重要

方程式をつくるときは，左辺の単位と右辺の単位をそろえる。

注意

答えと異なるものをxとした場合は，解を使って答えを計算するのを忘れないようにする。

2　比例式の利用

2 米180粒の重さを量ると約4gだった。この米1kgにはおよそ何粒の米粒があるか求めなさい。

(　　　　　　　)

2

2つの数量の比が一定のときは，比例式を利用するとよい。

3　連立方程式の利用

3 ある動物園の入園料は，大人2人と子ども3人で1600円，大人5人と子ども6人で3700円である。大人1人の入園料と子ども1人の入園料をそれぞれ求めなさい。

大　人(　　　　　　　)
子ども(　　　　　　　)

3

連立方程式を使った解き方

①どの数量をx，yを使って表すか決める。
②数量の間の関係を2種類みつけ，x，yを使った2つの方程式をつくる。
③方程式を解く。
④解が問題に適しているか確かめる。

4 Aさんの自宅から郵便局を通って学校まで2 kmある。自宅から郵便局まで時速3 kmで歩き，郵便局から学校まで時速5 kmで歩くと36分かかった。自宅から郵便局まで何kmあるか求めなさい。

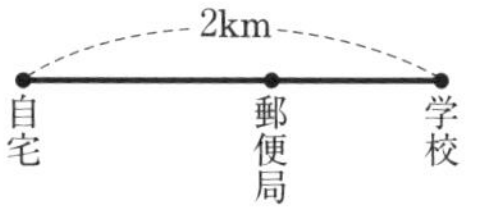

（　　　　　　　　）

4　2次方程式の利用

5 高さ15mのところから，ボールを上向きに秒速10mで投げ上げた。投げてからx秒後のボールの高さが$15+10x-5x^2$(m)と表せるとき，次の問いに答えなさい。

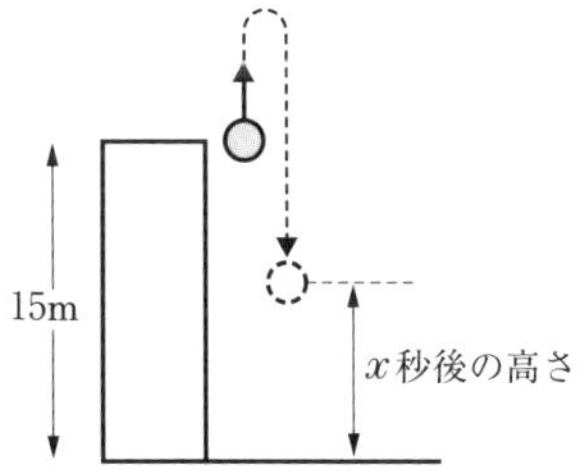

(1) 投げ上げた15mの高さに戻ってくるのは投げてから何秒後ですか。

（　　　　　　　　）

(2) 高さ0mの地上に落ちるのは投げてから何秒後ですか。

（　　　　　　　　）

6 次の問いに答えなさい。

(1) 和が8で，積が-48となる2つの数を求めなさい。

（　　　　，　　　　）

(2) 周の長さが20cmの長方形がある。この長方形の辺の長さをそれぞれ2cmずつ長くしたところ，面積がもとの長方形の2倍になった。もとの長方形の2辺の長さを求めなさい。

（　　　　，　　　　）

4

2次方程式を使った解き方

①何をxで表すか決める。
②数量の間の関係をみつけ，xを使った方程式をつくる。
③方程式を解く。
④解が問題に適しているか確かめる。

注意
2次方程式では，④に特に注意する。問題に適している解のみが答えとなる。
例 長さを求める問題では，答えは必ず正の数になる。

問題で2つの数の和がSのとき，2つの数はx，$S-x$と表せる。
例 2つの数の和が10のとき，2つの数は，x，$10-x$と表せる。

方程式の問題は，時間があれば，答えを問題に入れて検算するとよい。

注意
方程式の文章題は，答えの単位に注意する。

4日目 方程式の利用

定着させよう

解答➡別冊p.8

1 連続する5つの自然数の和が2015になるとき，この5つの自然数のうちの最大の自然数を求めなさい。 ［10点］〈大阪〉

〔　　　　　　　〕

2 太郎さんは靴を買うことにした。太郎さんが選んだ靴は定価の3割引きで売られていた。さらに，店員が150円値引きしてくれたので，太郎さんは定価の$\frac{2}{3}$で買うことができた。太郎さんが選んだ靴の定価をx円として方程式をつくり，この靴の定価を求めなさい。ただし，消費税は考えないものとする。 ［15点］〈栃木〉

3 ある町内の子ども会ではクリスマス会のプレゼント用に，1本30円の鉛筆と，1冊100円のノートを合計10000円分準備した。これらをクリスマス会の参加者に配ったところ，鉛筆はちょうど4本ずつ配ることができたが，ノートは2冊ずつ配ると4冊余った。最初に準備した鉛筆の本数をx本，ノートの冊数をy冊とするとき，次の問いに答えなさい。〈福井〉

(1) クリスマス会の参加人数をxを用いて表しなさい。 ［4点］

〔　　　　　　　〕

(2) xとyについての連立方程式を作りなさい。 ［8点］

(3) (2)の連立方程式を解いて，準備した鉛筆の本数とノートの冊数を求めなさい。 ［8点］

鉛　筆〔　　　　　　　〕

ノート〔　　　　　　　〕

4 サラダ油と酢を8：5の割合で混ぜて，ドレッシングをつくる。いま，サラダ油が200mL，酢が80mLある。サラダ油を全部使ってドレッシングをつくるには，酢はあと何mL必要か，求めなさい。 〔15点〕〈三重〉

〔　　　　　　　　〕

5 画用紙を使って，米一合分（180cm^3）を量るための箱を作ることにした。箱はふたのない直方体とし，右の図のように，正方形の画用紙の4すみから1辺が4cmの正方形を切り取り，容積が180cm^{3}となるように作る。4すみから正方形を切り取る前のはじめの正方形の画用紙の1辺の長さを$x$cmとして，(1)，(2)に答えなさい。 〈岡山・改〉

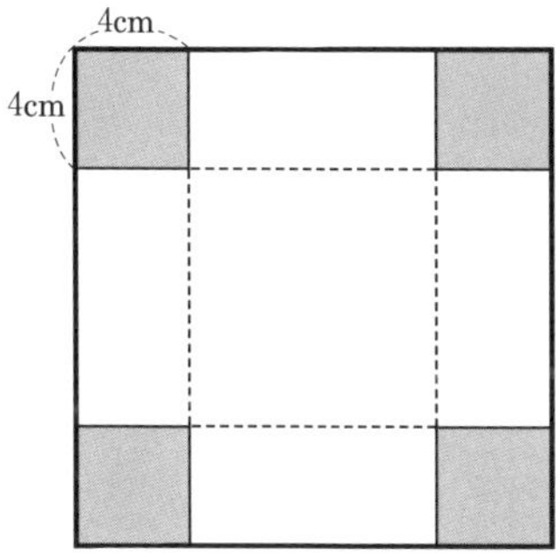

(1) この箱の底面の1辺の長さは何cmか。xの式で表しなさい。 〔5点〕

〔　　　　　　　　〕

(2) はじめの正方形の画用紙の1辺の長さは何cmか。答えを求めるまでの過程も書いて答えなさい。 〔15点〕

6 工場Aでは，製品Pの出荷数について，1年目に100個出荷し，2年目には1年目よりx割多く出荷し，3年目には2年目より$2x$割多く出荷する計画を立てた。
このとき，次の問いに答えなさい。 〈神奈川〉

(1) $x=1$のとき，工場Aにおいて，2年目に出荷する製品Pの個数を求めなさい。 〔5点〕

〔　　　　　　　　〕

(2) 工場Aにおいて，3年目に製品Pを208個出荷するとき，xについての方程式をつくり，xの値を求めなさい。ただし，$x>0$とする。なお，答えを導くまでの途中経過も書きなさい。 〔15点〕

5日目 比例・反比例と１次関数

整理しよう

解答➡別冊p.9

1 比例・反比例

1 次の問いに答えなさい。

(1) yはxに比例し，$x=6$のとき$y=-8$である。yをxの式で表し，グラフを右の図にかきなさい。

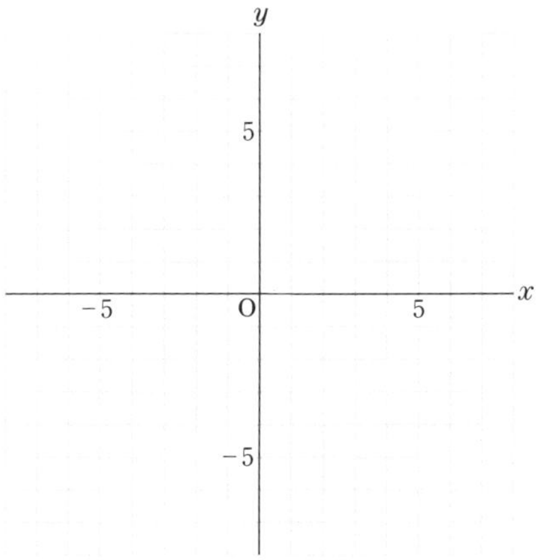

式（　　　　　）

(2) yはxに反比例し，$x=2$のとき$y=-6$である。yをxの式で表し，グラフを上の図にかきなさい。

式（　　　　　）

2 関数$y=\dfrac{8}{x}$のxの変域が$1 \leqq x \leqq 4$のとき，yの変域を求めなさい。

（　　　　　）

3 yがxに比例し，xの変域が$1 \leqq x \leqq 3$，yの変域が$-6 \leqq y \leqq -2$のとき，yをxの式で表しなさい。

（　　　　　）

2 １次関数

4 次の①～④の中から，yがxの１次関数であるものをすべて選び，番号で答えなさい。

①１辺が$x$cmの正方形の面積$y\,\mathrm{cm}^2$

②半径$x$cmの円の円周の長さ$y$cm

③面積が$40\,\mathrm{cm}^2$の長方形の縦の長さ$x$cmと横の長さ$y$cm

④周の長さが40cmの長方形の縦の長さ$x$cmと横の長さ$y$cm

（　　　　　）

1

重要 比例の式 $y=ax$

aは比例定数。$a=\dfrac{y}{x}$

反比例の式 $y=\dfrac{a}{x}$

aは比例定数。$a=xy$

比例のグラフ

原点を通る直線

$a>0$

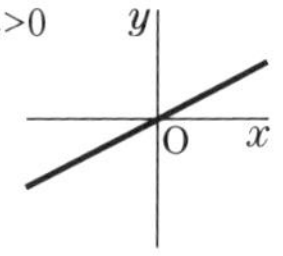

$a<0$

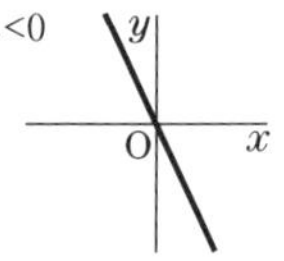

反比例のグラフ

双曲線

$a>0$

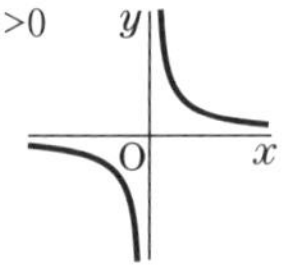

$a<0$

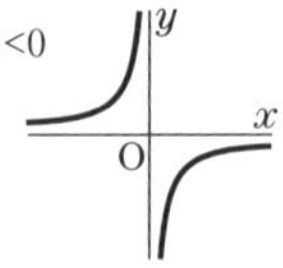

2

重要

yがxの１次式で表される関数を１次関数という。

$y=ax+b$の形で表される。

5 次の直線の式を求めなさい。

(1) 傾きが3で，点(2, 0)を通る直線

（　　　　　　　）

(2) 切片が−2で，(−3, 4)を通る直線

（　　　　　　　）

(3) y軸に平行で，(5, −2)を通る直線

（　　　　　　　）

6 1次関数$y=-2x+3$において，xが−1から2まで増加するとき，yの増加量と変化の割合を求めなさい。

yの増加量（　　　　　　　）

変化の割合（　　　　　　　）

3 1次関数の利用

7 右の図は，距離が20kmある駅Pと駅Qの間を列車A，Bが運行するようすをグラフに表したものである。横軸x(分)は列車Aが出発してからの時間，縦軸y(km)は駅Qからの道のりである。以下の問いに答えなさい。

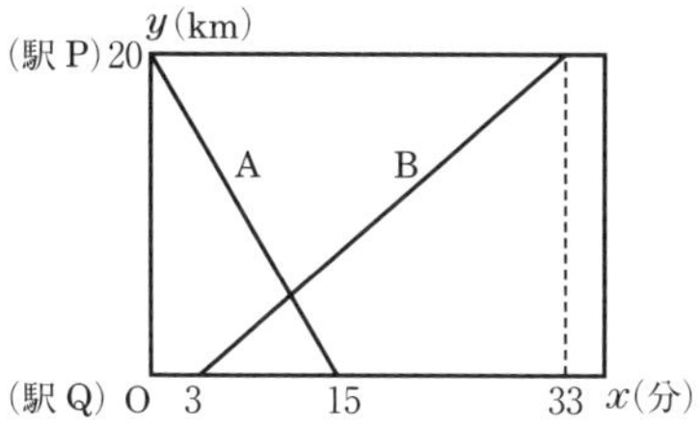

(1) 走行中の列車A，Bの速さは分速何kmか求めなさい。

A（　　　　　　　）

B（　　　　　　　）

(2) 走行中の列車A，Bについて，yをxの式で表しなさい。

A（　　　　　　　）

B（　　　　　　　）

(3) 列車A，Bがすれちがうのは，Aが出発してから何分後で，駅Qから何kmの地点か求めなさい。

時　間（　　　　　　　）

道のり（　　　　　　　）

変化の割合

$$変化の割合=\frac{yの増加量}{xの増加量}$$

重要 1次関数のグラフ

$y=ax+b$において，

aは傾き，bは切片

傾きaは，xが1増えるとyがa増えることを表す。変化の割合に等しい。

切片bは，直線とy軸との交点(0, b)のy座標。

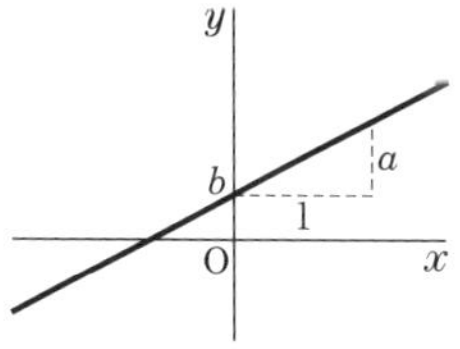

1次関数の式の求め方

・傾きと1点の座標から1点の座標を$y=ax+b$に代入してbの値を求める。

・2点の座標から
(解法は2通り)

①2点の座標からaを求め，1点の座標を$y=ax+b$に代入してbの値を求める。

②2点の座標をそれぞれ$y=ax+b$に代入し，連立方程式を解いて求める。

$y=$(定数)のグラフはx軸に平行な直線

$x=$(定数)のグラフはy軸に平行な直線

3

2直線の交点の求め方

2直線の式を連立方程式として解けばよい。求まった(x, y)が交点の座標。

5日目 比例・反比例と１次関数

定着させよう

解答➡別冊p.10

1 次の問いに答えなさい。 [5点×2]

(1) yはxに比例し，$x=1$のとき$y=4$である。$x=-2$のときのyの値を答えなさい。〈新潟〉

〔　　　　　　　　〕

(2) yはxに反比例し，$x=-5$のとき$y=6$である。このときの比例定数を求めなさい。〈島根〉

〔　　　　　　　　〕

2 次の問いに答えなさい。 [10点×2]

(1) 1 mあたりの重さが30 gの針金がある。この針金x gの長さをy mとするとき，yをxの式で表しなさい。〈福島〉

〔　　　　　　　　〕

(2) 分速80 mで歩き続けると１時間40分かかる道のりがある。この道のりを時速x kmで進み続けるときにかかる時間をy時間とする。

　このとき，xとyの関係を表すグラフを，右の図にかきなさい。〈静岡〉

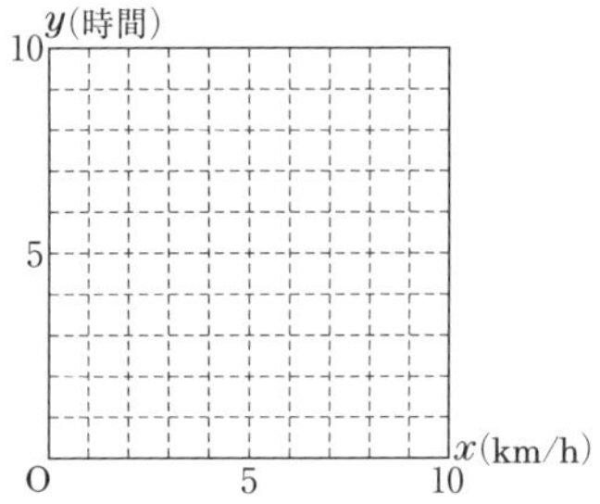

3 右の図のような，関数$y=ax+b$のグラフがある。このとき，$a+b$の値は正の数，負の数のどちらになるか答えなさい。また，そのわけを説明しなさい。[5点×2]〈和歌山〉

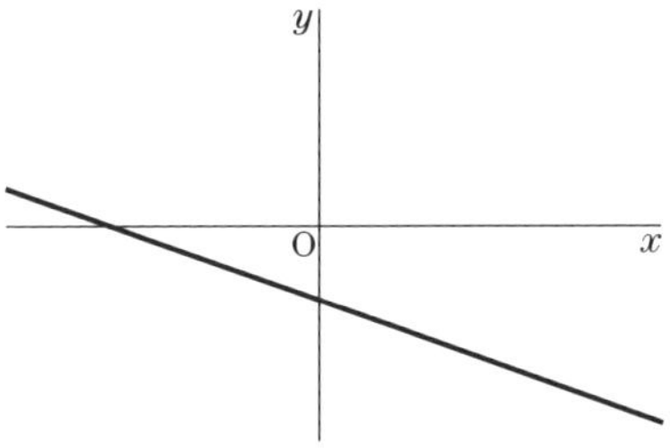

$a+b$の値〔　　　　　　　　〕

説明

4 右の図のように，関数$y=\dfrac{a}{x}$…㋐のグラフ上に２点A，Bがあり，関数㋐のグラフと関数$y=2x$…㋑のグラフが，点Aで交わっている。
点Aのx座標が３，点Bの座標が$(-9,\ p)$のとき，次の各問いに答えなさい。〈三重〉

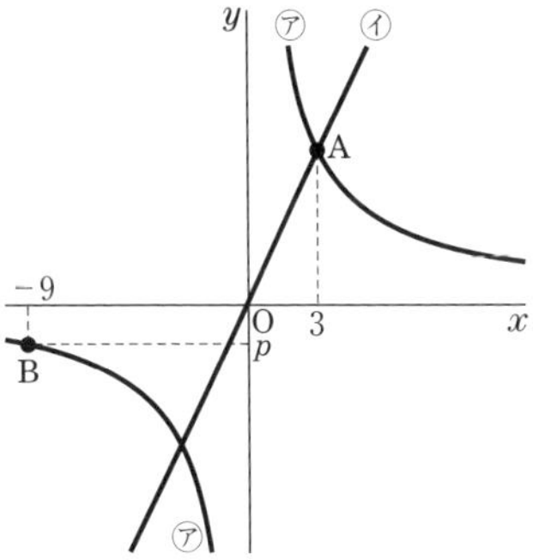

(1)　a，pの値を求めなさい。［5点×2］

a〔　　　　　　　〕
p〔　　　　　　　〕

(2)　関数㋐について，xの変域が$1 \leqq x \leqq 5$のときのyの変域を求めなさい。［10点］

〔　　　　　　　〕

5 右の図１のような長方形の封筒と，図２のような厚紙があり，EL＝2 cm，LK＝$a$cm，KJ＝2 cm，JI＝2 cm，IH＝2 cm，HG＝1 cm，FG＝6 cmである。この封筒の中に，点Cと点Gが重なるように厚紙を入れて，図３のように，厚紙を，封筒の辺BCに沿って，点Fが点Cに重なるまで，矢印の向きに引き出す。２点C，Gの距離を$x$cmとしたとき，封筒から出ている厚紙の面積を$y\text{cm}^2$とする。図４は，xとyの関係をグラフに表したものである。このとき，次の(1)～(4)の問いに答えなさい。ただし，点Cと点Gが重なっているときは$y=0$とする。［10点×4］〈新潟〉

図１
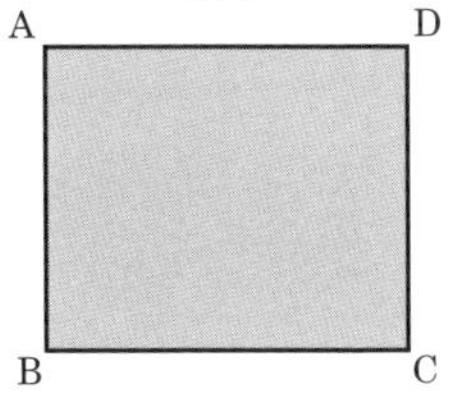

図２
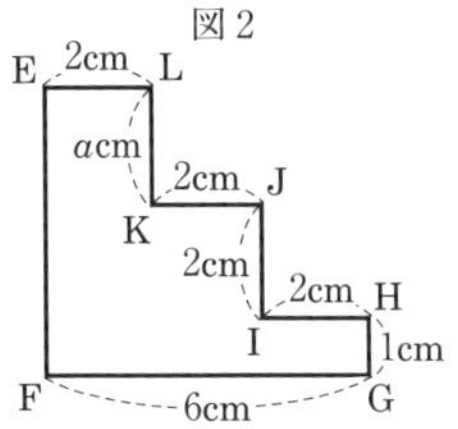

図３
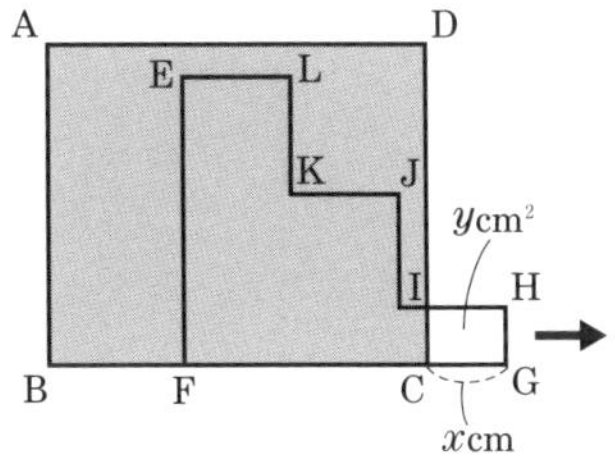

図４
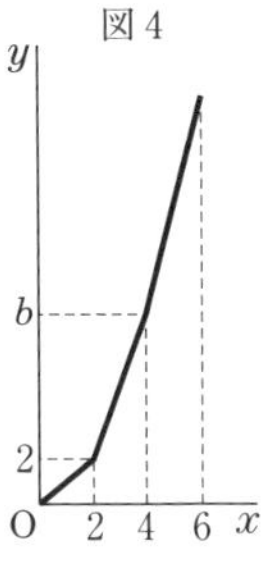

(1)　図４のグラフ中のbの値を答えなさい。

〔　　　　　　　〕

(2)　$2 \leqq x \leqq 4$のとき，yをxの式で表しなさい。

〔　　　　　　　〕

(3)　図４について，$4 \leqq x \leqq 6$のとき，グラフの傾きを，aを用いて表しなさい。

〔　　　　　　　〕

(4)　$a=2$，$y=9$のとき，xの値を求めなさい。

〔　　　　　　　〕

6日目 関数 $y=ax^2$

整理しよう

解答➡別冊p.11

1 関数 $y=ax^2$

1 次の(1)，(2)について，y を x の式で表しなさい。

(1) y が x の2乗に比例し，$x=3$ のとき $y=27$ である。

（　　　　　　）

(2) y が x の2乗に比例し，$x=-4$ のとき $y=-80$ である。

（　　　　　　）

2 関数 $y=ax^2$ のグラフ

2 右の図の①～④は4つの関数

$y=x^2$，$y=\dfrac{1}{2}x^2$，$y=-\dfrac{1}{4}x^2$，

$y=-\dfrac{1}{2}x^2$ のグラフを表している。

それぞれどの関数のグラフか答えなさい。

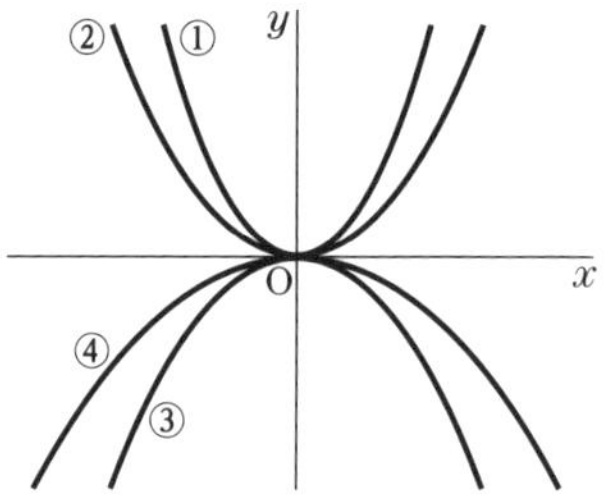

①（　　　　）　②（　　　　）

③（　　　　）　④（　　　　）

3 関数 $y=ax^2$ の値の変化

3 次の㋐～㋒の関数のうち，$x<0$ の範囲で，x の値が増加すると y の値も増加するものを選びなさい。

㋐ $y=3x^2$　㋑ $y=-2x^2$　㋒ $y=-2x+3$

（　　　　　　）

4 関数 $y=2x^2$ で，x の変域が次のときの y の変域を求めなさい。

(1) $3 \leqq x \leqq 5$　　(2) $-1 \leqq x \leqq 3$

（　　　　）　（　　　　）

1

比例定数 a を求める

例 $x=2$ のとき $y=8$ の場合

$y=ax^2$ に $x=2$，$y=8$ を代入して，

$8=a\times2^2$　$a=2$

2

$y=ax^2$ のグラフ

y 軸について対称な放物線で，原点を通る。

重要 グラフの形状

- $a>0$ ⇒上に開いた形
- $a<0$ ⇒下に開いた形
- a の絶対値が大きいほどグラフの開きは小さい。

3

変域

おおよそのグラフをかいて考える。

例 $y=x^2$ で，$-2 \leqq x \leqq 1$ のとき

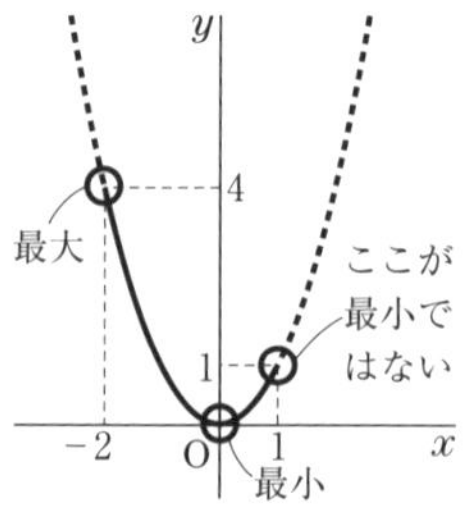

y の変域は $0 \leqq y \leqq 4$

注意

$1 \leqq y \leqq 4$ とはならない。

5 関数$y=-\frac{1}{3}x^2$について，xの変域が次のときのyの変域を求めなさい。

(1) $-3 \leqq x \leqq -1$　　　　(2) $-1 \leqq x \leqq 2$

(　　　　　　)　(　　　　　　)

6 関数$y=4x^2$について，xの値が次のように増加するときの変化の割合を求めなさい。

(1) 1から3まで　　　　(2) -4から-2まで

(　　　　　　)　(　　　　　　)

7 関数$y=-\frac{1}{2}x^2$について，xの値が次のように増加するときの変化の割合を求めなさい。

(1) 4から6まで　　　　(2) -8から-4まで

(　　　　　　)　(　　　　　　)

8 右の図のような斜面でボールを転がすとき，ボールが転がりはじめてからの時間をx秒，その間に転がる距離をymとすると，$y=3x^2$という関係がある。このとき，3秒後から5秒後までの平均の速さは秒速何mか求めなさい。

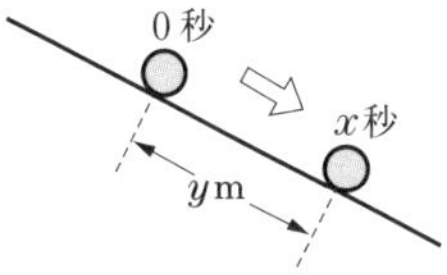

(　　　　　　)

4 いろいろな関数

9 右の図は，ある駐車場の駐車料金について，駐車時間をx時間，駐車料金をy円としたときのxとyの関係を表したグラフである。2時間20分駐車したときの駐車料金を求めなさい。ただし，グラフの端の点で，●は含むことを，○は含まないことを表している。

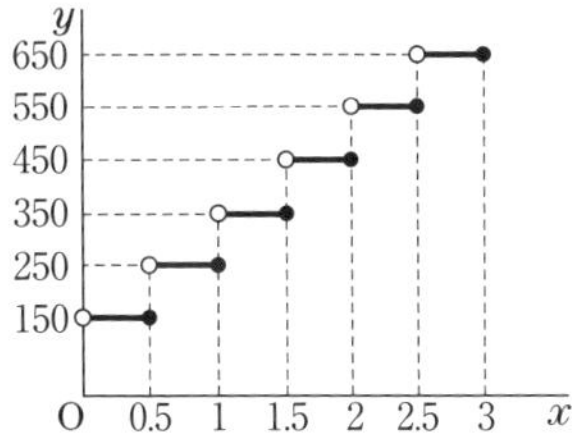

(　　　　　　)

変化の割合

$$\text{変化の割合}=\frac{y\text{の増加量}}{x\text{の増加量}}$$

関数$y=ax^2$では変化の割合は一定ではない。

例 関数$y=x^2$でxの値が2から4まで増加するときの変化の割合

$x=2$のとき，$y=2^2=4$

$x=4$のとき，

$y=4^2=16$

だから，変化の割合は

$\frac{16-4}{4-2}=\frac{12}{2}=6$

xの値が-1から2まで増加するときの変化の割合

$\frac{4-1}{2-(-1)}=\frac{3}{3}=1$

4

例 タクシーの走行距離と料金

2kmまで	680円
2.6kmまで	760円
3.2kmまで	840円
3.8kmまで	920円
4.4kmまで	1000円

走行距離を$x$km，料金をy円とすると，xの値が決まれば，yの値はただ1つに決まるので，yはxの関数である。

6日目 関数 $y=ax^2$

定着させよう

解答➡別冊p.12

1 次の問いに答えなさい。　［7点×2］

(1) yはxの２乗に比例し，$x=-6$のとき$y=9$である。$x=8$のときのyの値を求めなさい。　〈福岡〉

〔　　〕

(2) 右の表のyはxの２乗に比例している。□にあてはまる値を求めなさい。　〈福井〉

x	0	1	2
y	0	3	□

〔　　〕

2 次の問いに答えなさい。　［8点×3］

(1) 関数$y=-x^2$について，xの変域が$1\leqq x\leqq 3$のときのyの変域を求めなさい。　〈栃木〉

〔　　〕

(2) 関数$y=\frac{1}{4}x^2$について，xの変域が$-1\leqq x\leqq 4$のときのyの変域を求めなさい。　〈奈良〉

〔　　〕

(3) 関数$y=ax^2$について，xの変域が$-3\leqq x\leqq 2$のとき，yの変域は$0\leqq y\leqq 6$である。このとき，aの値を求めなさい。　〈青森〉

〔　　〕

3 次の問いに答えなさい。　［8点×2］

(1) 関数$y=x^2$について，xの値が-1から４まで増加するときの変化の割合を求めなさい。　〈三重・改〉

〔　　〕

(2) 関数$y=ax^2$について，xの値が１から４まで増加するときの変化の割合が-15である。このとき，aの値を求めなさい。　〈福島〉

〔　　〕

4 表は，2つのタクシー会社の走行距離と料金の関係をそれぞれまとめたものである。図は，A社について，乗りはじめてからの走行距離をxm，そのときの料金をy円として，xとyの関係をグラフに表したものである。なお，グラフで端の点を含む場合は●，含まない場合は○を使って表している。　［7点×2］〈秋田〉

表

	乗りはじめてからの走行距離と料金
A社	・走行距離が1500mまでは700円 ・1500mを超えると200円加算 ・2000mを超えるとさらに200円加算 ・以後500mを超えるごとに200円ずつ加算
B社	・走行距離が1000mまでは500円 ・1000mを超えると270円加算 ・1600mを超えるとさらに270円加算 ・以後600mを超えるごとに270円ずつ加算

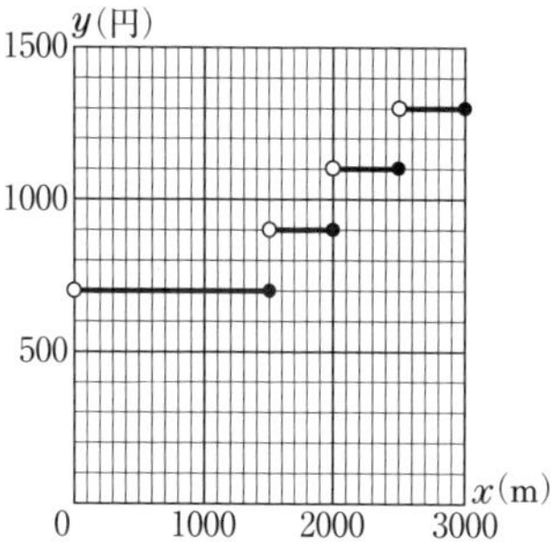

(1) A社において，yはxの関数といえるか，いえないか，正しい方を◯で囲み，その理由を書きなさい。

〔 いえる　　いえない 〕　理由〔　　　　〕

(2) 走行距離が2700mのとき，料金はどちらの会社がどれだけ安いか，求めなさい。

〔　　　　〕

5 右の図において，mは$y=\dfrac{1}{2}x^2$のグラフを表す。A，Bはm上の点であり，そのx座標はそれぞれ3，-1である。ℓは，点Bを通り傾きが2の直線である。　［8点×2］〈大阪〉

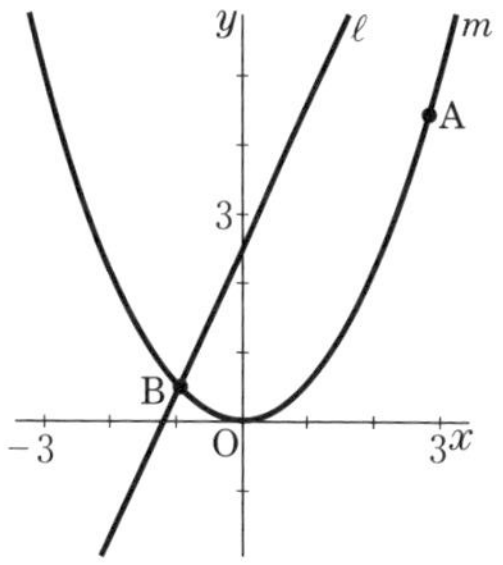

(1) Aのy座標を求めなさい。

〔　　　　〕

(2) 直線ℓの式を求めなさい。

〔　　　　〕

6 右の図で，点Oは原点であり，放物線①は関数$y=-x^2$のグラフで，直線②は関数$y=x+1$のグラフである。

点Pは放物線①上の点であり，そのx座標は正の数である。また，点Pを通り，y軸に平行な直線をひき，x軸，直線②との交点をそれぞれQ，Rとする。これについて，次の(1)，(2)の問いに答えなさい。　［8点×2］〈香川・改〉

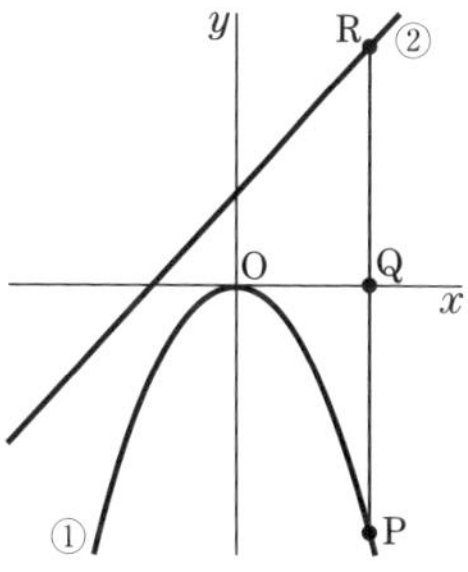

(1) 関数$y=-x^2$で，xの変域が$-2 \leqq x \leqq 1$のとき，yの変域を求めなさい。

〔　　　　〕

(2) 線分PQの長さと，線分QRの長さが等しくなるとき，点Pのx座標はいくらか。点Pのx座標をaとして，aの値を求めなさい。

〔　　　　〕

学習日　　月　　日

7日目　図形①

整理しよう

解答➡別冊p.14

1　図形の移動

1　右の図の長方形ABCDで，P，Q，R，Sはそれぞれ辺AB，BC，CD，DAの中点であり，㋐～㋗は合同な直角三角形である。このとき，次の(1)～(3)にあてはまる三角形を㋐～㋗の中からすべて選びなさい。

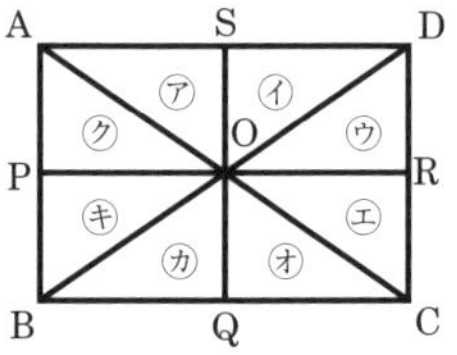

(1)　㋐を平行移動すると，重なる三角形

(　　　　　　　　)

(2)　㋒を点Oを中心として回転移動すると，重なる三角形

(　　　　　　　　)

(3)　㋕を対称移動すると，重なる三角形

(　　　　　　　　)

2　基本の作図

2　次の問いに答えなさい。

(1)　下の図の線分ABの中点Mを作図しなさい。

(2)　下の図の∠POQの二等分線を作図しなさい。

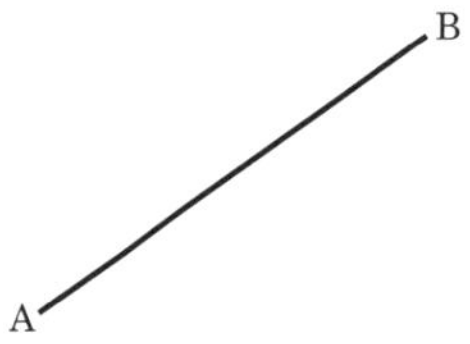

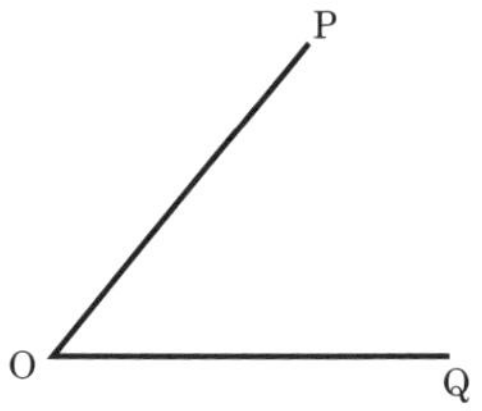

1

平行移動
一定の方向に一定の長さだけ移す移動。

回転移動
ある点を中心として一定の角度だけ回転させる移動。

対称移動
1つの直線を折り目（対称の軸）として折り返す移動。

2

基本の作図
定規とコンパスだけを使って，垂直二等分線，角の二等分線，垂線などを作図する。

円の接線
接点を通り，半径に垂直である。

3

おうぎ形
重要　半径r，中心角a°のおうぎ形の弧の長さをℓ，面積をSとすると，

・$\ell=2\pi r\times\frac{a}{360}$

・$S=\pi r^2\times\frac{a}{360}$

3 円とおうぎ形

3 次の(1)，(2)のおうぎ形の弧の長さと面積をそれぞれ求めなさい。

(1)

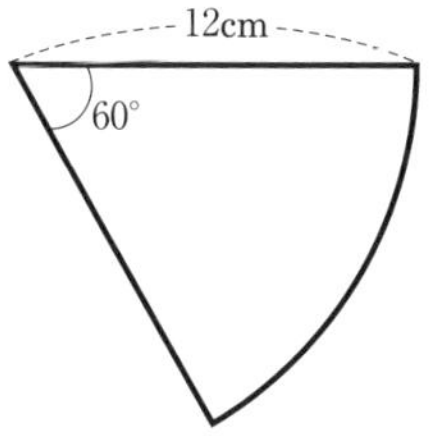

(2)

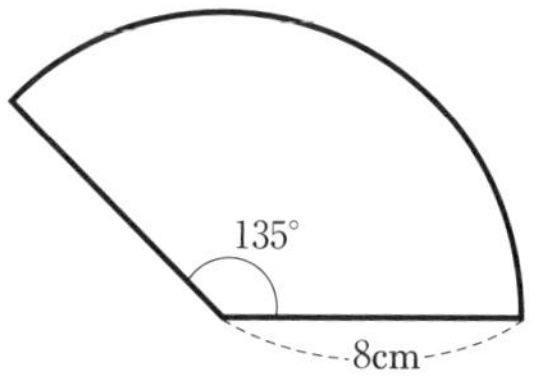

(1) 弧の長さ（　　　　　　）
面積（　　　　　　）

(2) 弧の長さ（　　　　　　）
面積（　　　　　　）

4 立体と空間図形

4 次の問いに答えなさい。

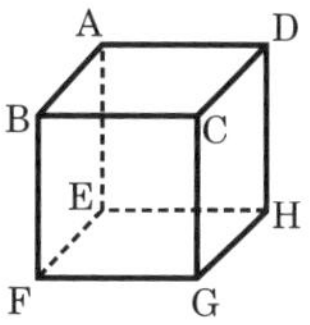

(1) 右の図のような立方体で，辺CDとねじれの位置にある辺をすべて答えなさい。

（　　　　　　）

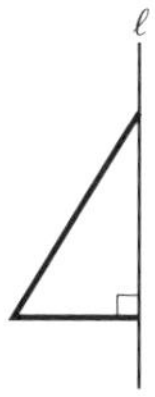

(2) 右の図のような直角三角形を直線ℓのまわりに1回転させてできる立体の名称を答えなさい。

（　　　　　　）

5 立体の表面積と体積

5 次の立体の表面積と体積を求めなさい。

(1) 底面が半径5 cmの円で高さが10 cmの円柱

表面積（　　　　　　）　体積（　　　　　　）

(2) 底面が半径3 cmの円で高さが4 cm，母線の長さが5 cmの円錐

表面積（　　　　　　）　体積（　　　　　　）

(3) 半径が6 cmの球

表面積（　　　　　　）　体積（　　　　　　）

4

いろいろな立体

図のような立体を**角錐《かくすい》**，**円錐**という。

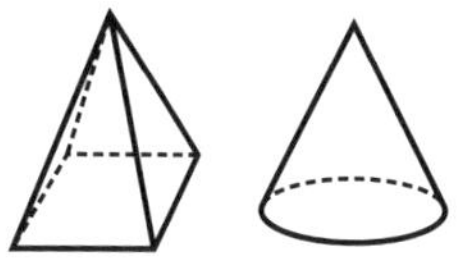

ねじれの位置

空間内の2直線が平行ではなく，交わらないとき，その2直線は**ねじれの位置**にあるという。

回転体

平面図形を直線のまわりに回転させてできる立体を回転体という。

5

角柱・円柱の側面積

側面の**展開図**が，縦の長さが立体の高さ，横の長さが底面の周の長さに等しい長方形となることを利用して側面積を求める。

円錐の側面積

展開図で**側面のおうぎ形の弧の長さ**が**底面の円周**と等しいことを利用しておうぎ形の**中心角**を求める。

柱・錐の体積

重要 底面積をS，高さをh，体積をVとすると，

・角柱，円柱…$V=Sh$

・角錐，円錐…$V=\frac{1}{3}Sh$

球の体積と表面積

重要 半径rの球で，

・(体積)$=\frac{4}{3}\pi r^3$

・(表面積)$=4\pi r^2$

7日目 図形①

定着させよう

解答➡別冊 p.15

1 図のように，2直線ℓ，mは点Aで交わり，$\ell \perp m$である。点Bは直線m上の点である。次の□の中に示した条件①にあてはまる点Pと，条件②にあてはまる点Qを，それぞれ作図しなさい。

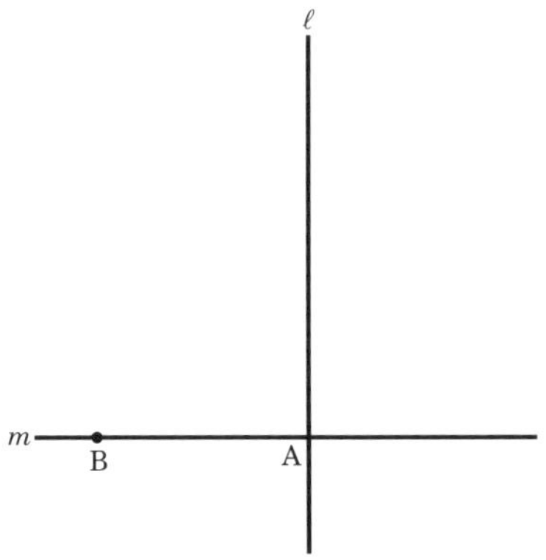

> 条件①　点Pは，点Bを，点Aを中心として時計回りの方向に45°回転移動した点である。
> 条件②　点Qは，点Pを，直線ℓを軸として対称移動した点である。

ただし，作図には定規とコンパスを使用し，作図に用いた線は残しておくこと。［10点］〈静岡〉

2 次の問いに答えなさい。［10点×3］

(1) 右の図のように，△ABCの辺AC上に点Dがある。頂点Bが点Dと重なるように△ABCを折ったときの，折り目の線分を作図しなさい。ただし，作図に用いた線は残しておくこと。〈富山〉

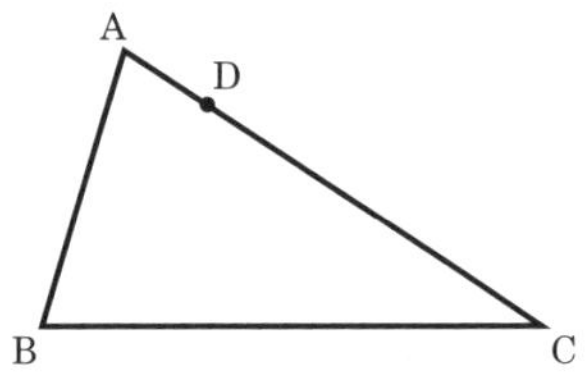

(2) 右の図のように，直線ℓ上に点Pがある。中心が直線m上にあり，直線ℓに点Pで接する円Oを，定規とコンパスを用いて作図しなさい。ただし，円の中心を表す文字Oも書き，作図に用いた線は消さないこと。〈長野〉

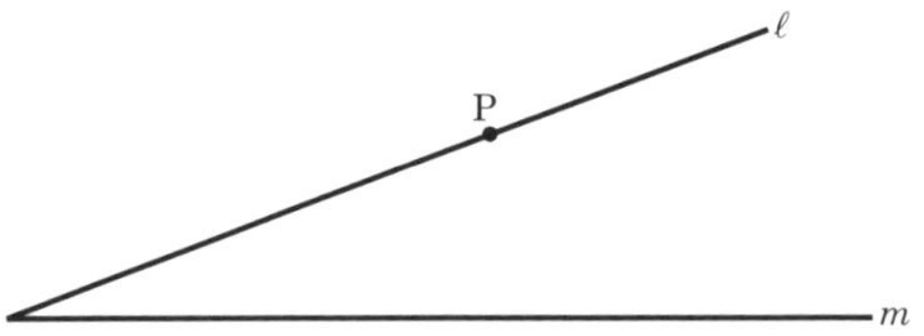

(3) 右の図で，∠ABCの二等分線上に中心があり，2点A，Bを通る円を，定規とコンパスを用いて作図しなさい。なお，作図に用いた線は消さずに残しておきなさい。〈三重〉

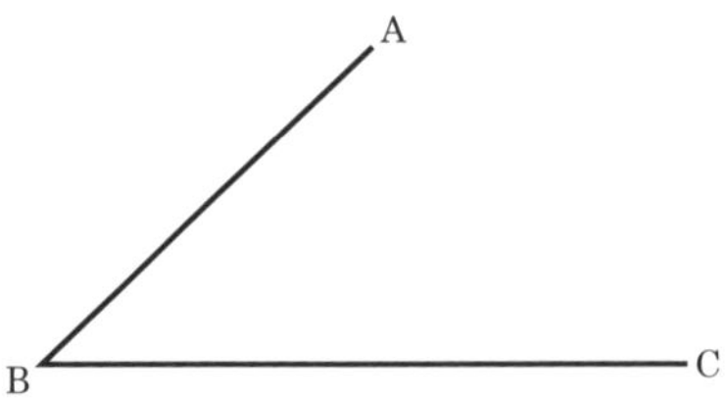

3 次の問いに答えなさい。

［12点×2］

(1) 右の図は，半径が 4 cm，弧の長さが $\frac{6}{5}\pi$ cm のおうぎ形である。

$\angle x$ の大きさは何度ですか。〈鹿児島〉

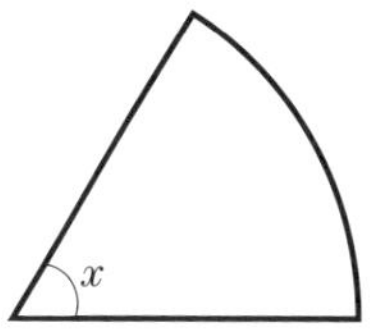

〔　　　　　　　　　　〕

(2) 右の図において，立体ABC-DEFは三角柱である。次の**ア**～**オ**のうち，辺ABとねじれの位置にある辺はどれですか。すべて選び，記号で答えなさい。〈大阪・改〉

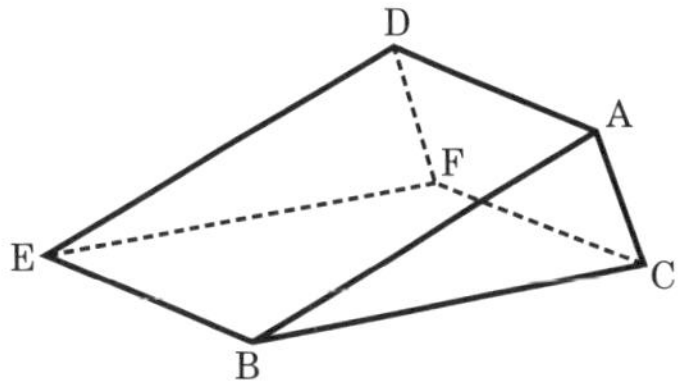

〔　　　　　　　　　　〕

ア　辺AC　　**イ**　辺BE　　**ウ**　辺CF　　**エ**　辺DE　　**オ**　辺EF

4 次の問いに答えなさい。

［12点×3］

(1) 右の**ア**，**イ**は，体積が等しい立体のそれぞれの投影図である。**ア**の立体の h の値を求めなさい。ただし，平面図は半径がそれぞれ 4 cm，3 cm の円である。〈青森〉

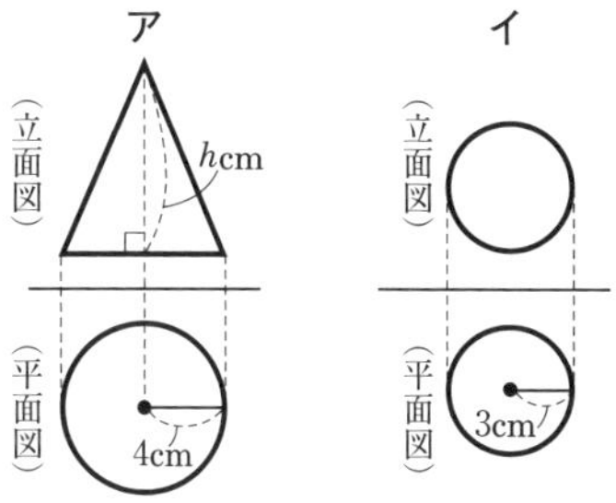

〔　　　　　　　　　　〕

(2) 右の図のように，半径 3 cm，中心角 90° のおうぎ形OABがある。このとき，$\overset{\frown}{AB}$ と弦ABで囲まれた部分を直線OAを軸として1回転させてできる立体の体積を求めなさい。〈福井〉

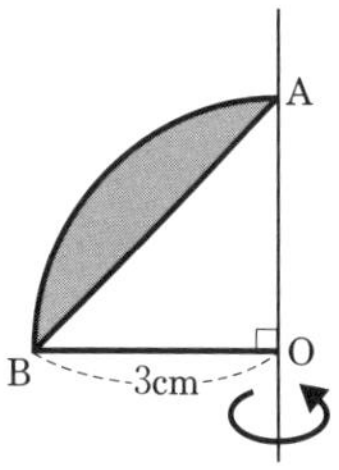

〔　　　　　　　　　　〕

(3) 右の図は，1辺の長さが 3 cm の立方体ABCD-EFGHである。この立方体を3点B，D，Eを通る平面で2つの立体に分けるとき，2つの立体の表面積の差は何 cm^2 ですか。〈鹿児島〉

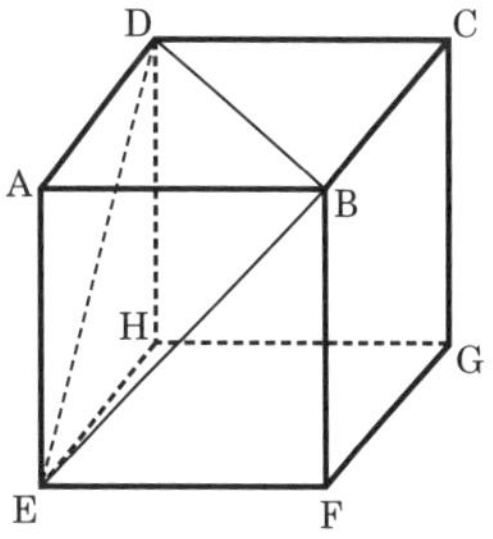

〔　　　　　　　　　　〕

学習日　　月　　日

8日目　図形②

整理しよう

解答➡別冊p.16

1　平行と合同

1　次の図で，$\angle x$，$\angle y$の大きさを求めなさい。

(1)

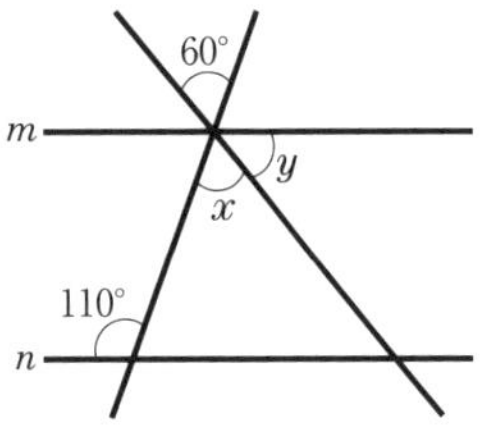

$m /\!/ n$

(2)

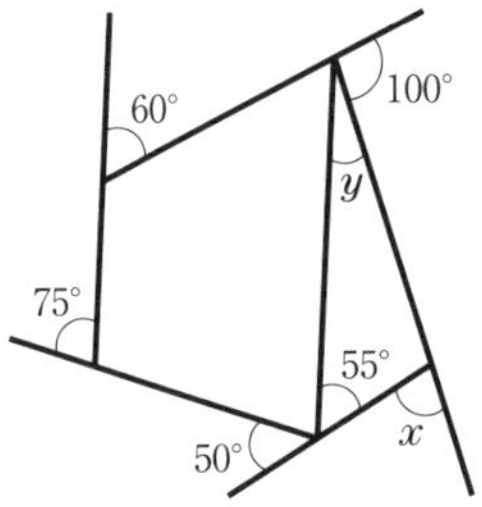

(1) $\angle x$=(　　　　)　$\angle y$=(　　　　)

(2) $\angle x$=(　　　　)　$\angle y$=(　　　　)

2　次の三角形のうち，合同な三角形はどれとどれか記号で答えなさい。また，そのとき使った合同条件を答えなさい。

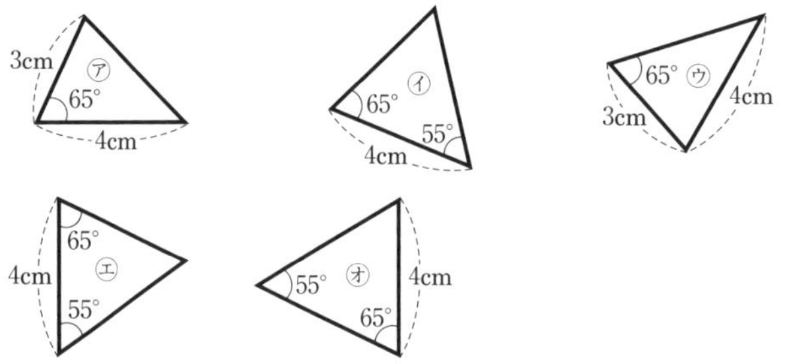

(　　　と　　　)　合同条件(　　　　　　)

2　証明

3　次のことがらの仮定と結論をいいなさい。

(1)　$x=y$ならば，$x-a=y-a$である。

仮定(　　　　　　)　結論(　　　　　　)

(2)　$\triangle ABC \equiv \triangle PQR$ならば，$BC=QR$である。

仮定(　　　　　　)　結論(　　　　　　)

1

平行線と角

・対頂角は等しい。
・平行線の同位角・錯角は等しい。

三角形の外角

三角形の外角はそれととなり合わない2つの内角の和に等しい。

n角形の内角の和・外角の和

内角の和＝$180° \times (n-2)$
外角の和＝360°

重要　三角形の合同条件

・3組の辺がそれぞれ等しい。
・2組の辺とその間の角がそれぞれ等しい。
・1組の辺とその両端の角がそれぞれ等しい。

2

証明

「○○ならば□□」で「○○」の部分を仮定，「□□」の部分を結論という。

3

重要　二等辺三角形の性質

・2つの底角が等しい。
・頂角の二等分線は底辺を垂直に二等分する。

3　三角形

4　次の図で，$\angle x$の大きさを求めなさい。

(1)

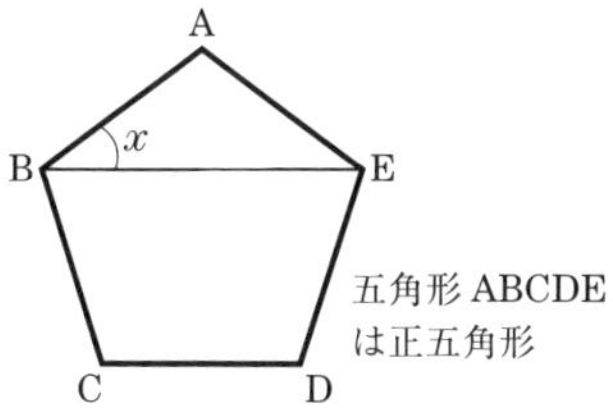

(2)

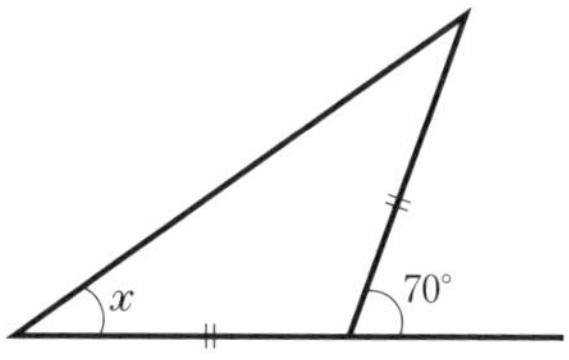

$\angle x$=(　　　　)　　$\angle x$=(　　　　)

4　四角形

5　次の四角形ABCDで，いつでも平行四辺形になるものをすべて選びなさい。

ア　AB=CD，AD=BC　　**イ**　∠A=∠B，∠C=∠D

ウ　AD=BC，AD∥BC　　**エ**　AB=CD，AD∥BC

(　　　　)

6　右の図の平行四辺形ABCDで，点E，Fはそれぞれ辺AD，CD上にあり，EF∥ACのとき，△ABEと等しい面積の三角形をすべて答えなさい。

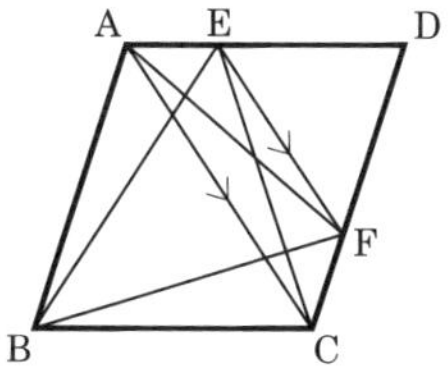

(　　　　)

5　円周角と中心角

7　次の図で，$\angle x$，$\angle y$の大きさを求めなさい。

(1)

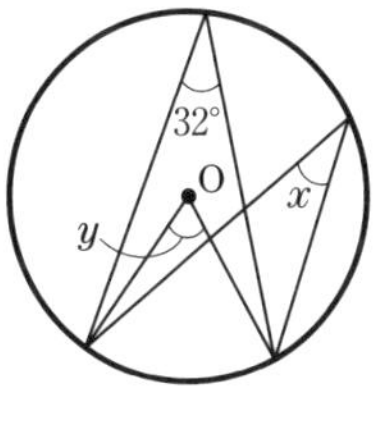

(2)

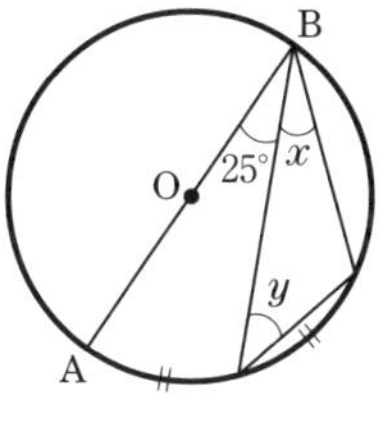

(3)

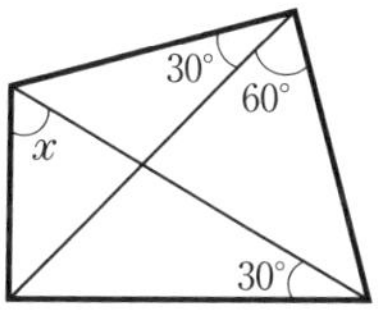

$\angle x$=(　　)　$\angle x$=(　　)　$\angle x$=(　　)

$\angle y$=(　　)　$\angle y$=(　　)

重要　**直角三角形の合同条件**

・斜辺と１つの鋭角がそれぞれ等しい。
・斜辺と他の１辺がそれぞれ等しい。

4

重要　**平行四辺形になる条件**

・２組の対辺がそれぞれ平行である。(定義)
・２組の対辺がそれぞれ等しい。
　２組の対角がそれぞれ等しい。
・対角線がそれぞれの中点で交わる。
・１組の対辺が平行で，その長さが等しい。

平行線と面積

下の図で，PQ∥ABならば，△ABP=△ABQ

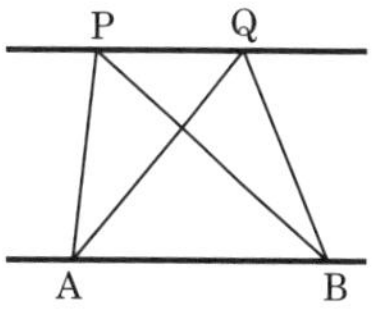

5

重要　**円周角**

・１つの弧に対する円周角は一定で，中心角の半分である。
・１つの円で等しい弧に対する円周角の大きさは等しい。
・半円の弧に対する円周角は90°

円周角の定理の逆

点P，Qが直線ABについて同じ側にあり，∠APB=∠AQBならば，点A，B，P，Qは同じ円周上にある。

8日目 図形②

定着させよう

解答➡別冊p.17

1 次の各問いに答えなさい。　〔12点×4〕

(1) 右の図で，3点A，B，Cは円Oの周上にあり，AO∥BCである。線分ACとOBの交点をDとする。このとき，∠ODCの大きさを求めなさい。〈茨城〉

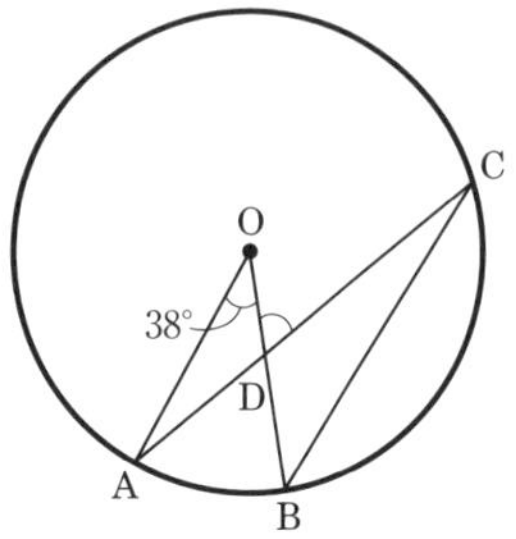

〔　　　　　〕

(2) 図で，四角形ABCDはひし形，四角形AEFDは正方形である。∠ABC=48°のとき，∠CFEの大きさは何度か，求めなさい。〈愛知〉

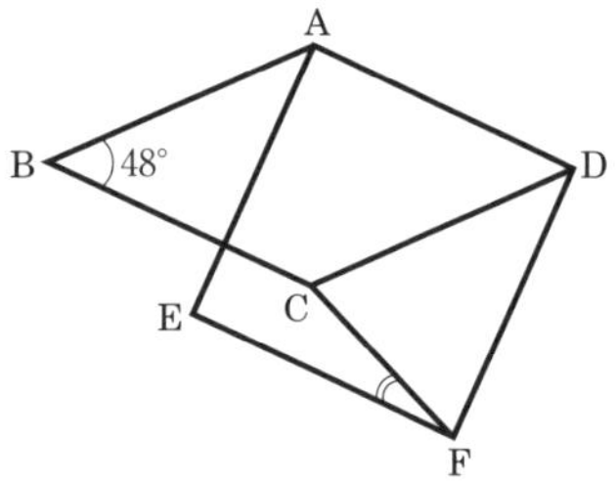

〔　　　　　〕

(3) 右の図で，四角形ABCDは長方形であり，△ACEはAC=AEの二等辺三角形である。線分BDと線分AEの交点をFとする。∠BAC=34°，∠BFE=98°であるとき，∠xの大きさを求めなさい。〈三重〉

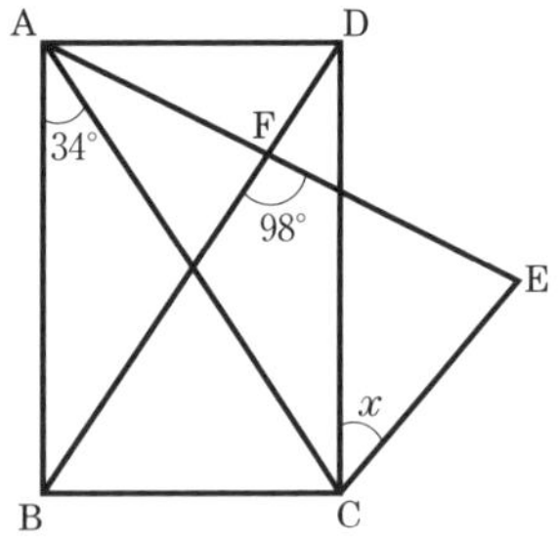

〔　　　　　〕

(4) 右の図で，点Cは線分AB上の点であり，△DACと△ECBは，それぞれ線分ACと線分CBを1辺とする正三角形である。∠EAC=a°とするとき，∠DBCの大きさをaを用いた式で表しなさい。〈秋田〉

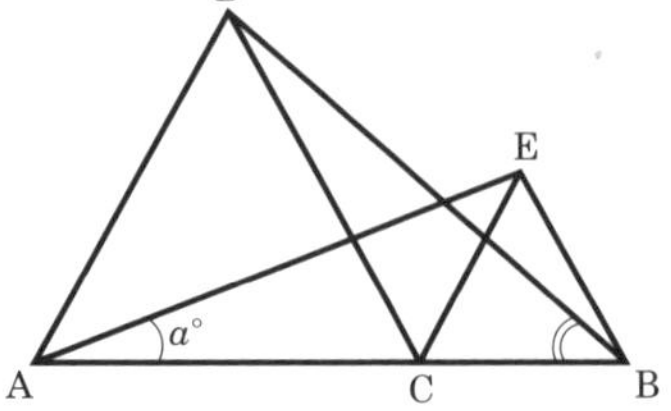

〔　　　　　〕

2 1辺の長さが4 cmの正方形ABCDがある。図のように，辺AB，BC，AD上に点E，F，Gをそれぞれとり，線分GE，EF，GFを引く。EG＝EF，∠GEF＝90°のとき，次の問いに答えなさい。〈宮崎〉

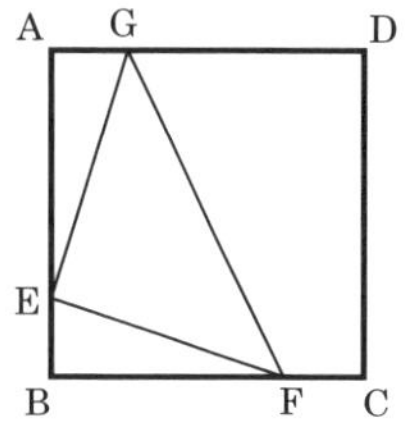

(1) ∠AGE＝74°のとき，∠DGFの大きさを求めなさい。 [8点]

〔　　　　　　　　　　　〕

(2) △AEG≡△BFEであることを証明しなさい。 [12点]

3 右の図は，∠ABCが鋭角の平行四辺形ABCDで，2辺AD，BCの中点をそれぞれE，Fとし，∠AFBは鋭角である。点Bを通り辺BCに垂直な直線と直線AFとの交点をGとし，点Eを通り辺ADに垂直な直線と直線AFとの交点をHとする。

このとき，GF＝HAであることを証明しなさい。 [12点]〈岩手〉

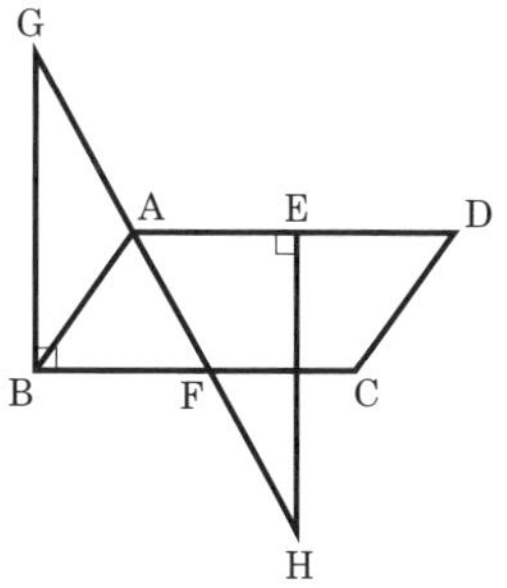

4 右の図のように，△ABCの辺BC上に点Dがある。3点A，B，Dを通る円と，辺ACとの交点をEとする。次の問いに答えなさい。 〈北海道〉

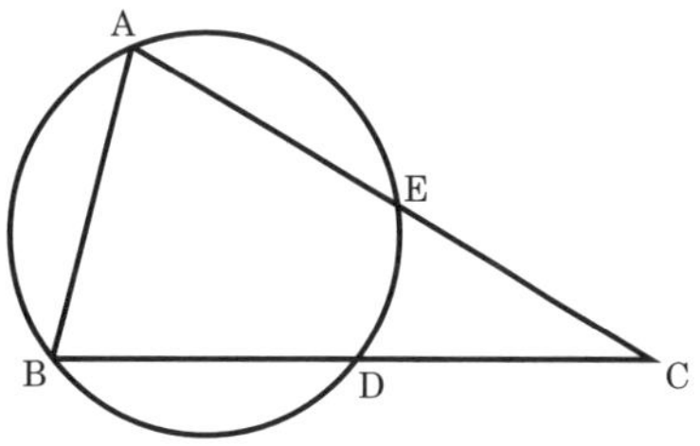

(1) ∠ADB＝50°のとき，∠BECの大きさを求めなさい。 [8点]

〔　　　　　　　　　　　〕

(2) AE＝BDのとき，△ACD≡△BCEを証明しなさい。 [12点]

9日目 図形③

整理しよう

解答➡別冊p.18

1 図形と相似

1 次の図で，相似な三角形を記号∽を使って表しなさい。また，そのときに使った相似条件を答えなさい。

(1)

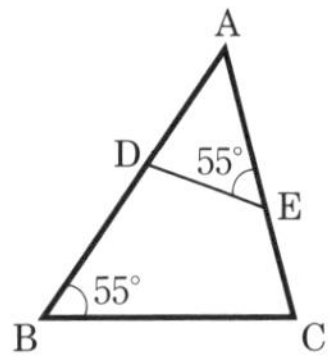

相似な三角形
(　　　　　　　　)
相似条件
(　　　　　　　　)

(2)

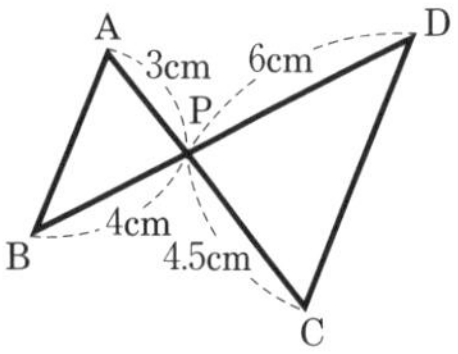

相似な三角形
(　　　　　　　　)
相似条件
(　　　　　　　　)

2 平行線と線分の比，中点連結定理

2 次の図でx，yの値を求めなさい。

(1)

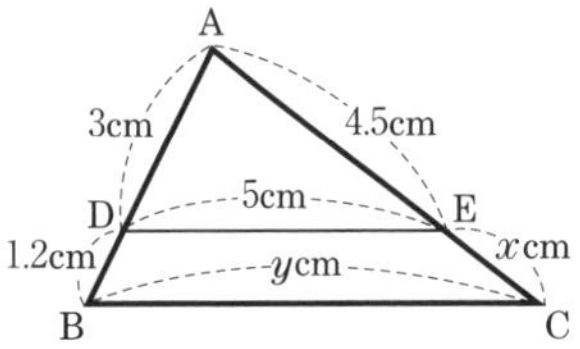

DE//BC

$x=$(　　　　)
$y=$(　　　　)

(2)

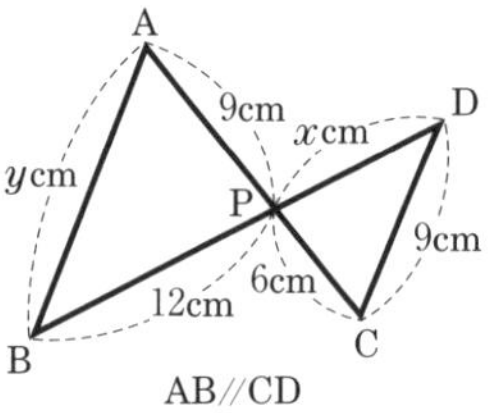

AB//CD

$x=$(　　　　)
$y=$(　　　　)

(3)

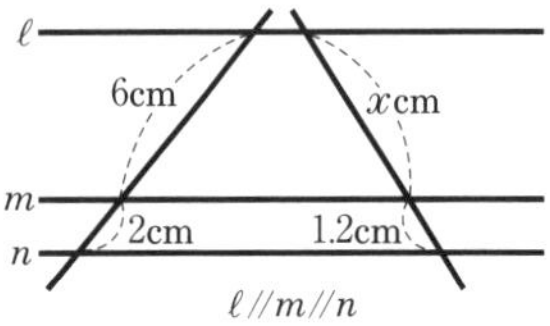

ℓ//m//n

$x=$(　　　　)

(4)

AM=MB
BN=NO=OC

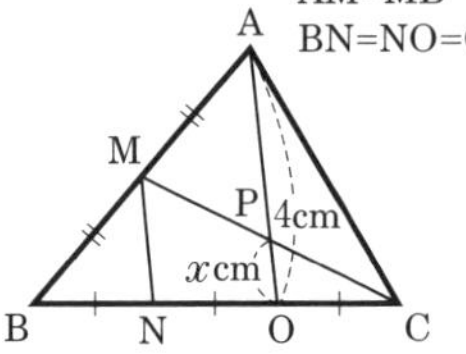

$x=$(　　　　)

1

重要 三角形の相似条件

- 3組の辺の比がすべて等しい。
- 2組の辺の比とその間の角がそれぞれ等しい。
- 2組の角がそれぞれ等しい。

2

重要 三角形と比

例 △ABCで，PQ//BCならば，
① AP : AB＝AQ : AC
　　　　＝PQ : BC
② AP : PB＝AQ : QC

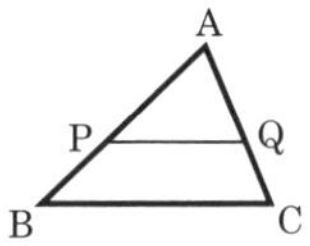

重要 平行線と比

例 3直線p，q，rがp//q//rならば，
$a : b = a' : b'$

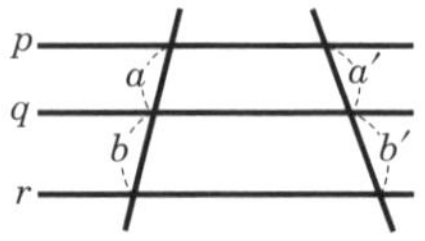

重要 中点連結定理

M，Nが△ABCの2辺AB，ACの中点のとき，

MN//BC，MN$=\frac{1}{2}$BC

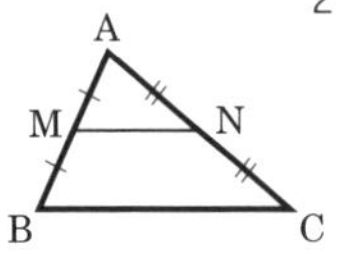

3 相似な図形の計量

3 2つの相似な四角錐《しかくすい》P，Qがあり，その相似比は2：3である。次の問いに答えなさい。

(1) PとQの体積比を求めなさい。 (　　　　　　)

(2) Qの表面積が$180\,\mathrm{cm}^2$のとき，Pの表面積を求めなさい。

(　　　　　　)

4 三平方の定理

4 次の図で，xの値を求めなさい。

(1)

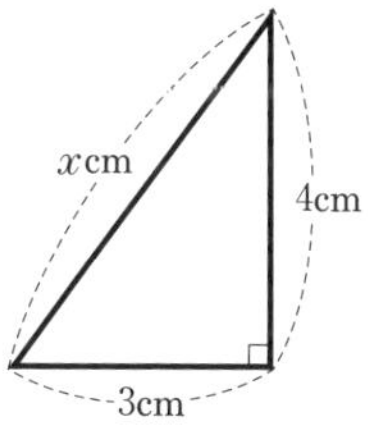

(2)

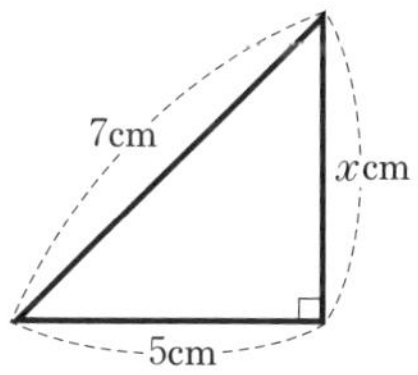

$x=$(　　　　　　)　$x=$(　　　　　　)

5 右の図のように，$AB=3\sqrt{2}$ cm，$\angle B=45°$，$\angle C=60°$の△ABCがある。点Aから辺BCに引いた垂線と辺BCとの交点をHとするとき，次の問いに答えなさい。

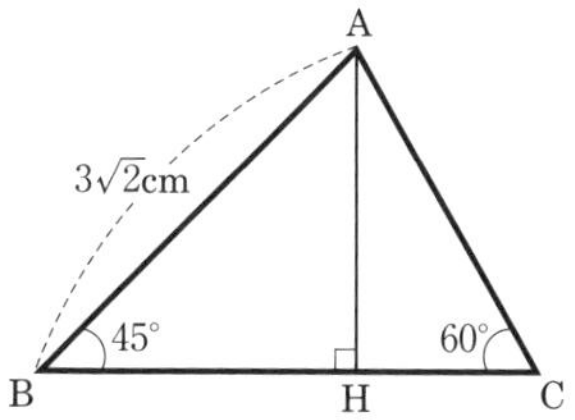

(1) AHの長さを求めなさい。

(　　　　　　)

(2) BCの長さを求めなさい。

(　　　　　　)

6 右の図のように，点Oを中心とする半径5 cmの円と円周上の点A，Bがあり，点Oから弦ABに引いた垂線と弦ABとの交点をHとすると，$OH=2$ cmである。このとき，次の問いに答えなさい。

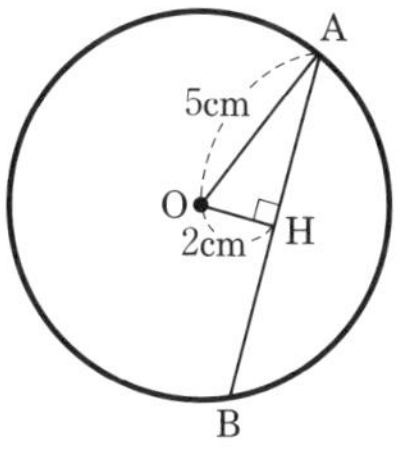

(1) AHの長さを求めなさい。

(　　　　　　)

(2) ABの長さを求めなさい。

(　　　　　　)

3

相似比が$m:n$のとき
⇒表面積の比は$m^2:n^2$
⇒体積比は$m^3:n^3$

4

三平方の定理

直角をはさむ2辺の長さをa，b，斜辺の長さをcとすると，
$a^2+b^2=c^2$

重要 特別な直角三角形

- 30°，60°の角をもつ直角三角形の辺の比…
  1：2：$\sqrt{3}$
- 45°の角をもつ直角二等辺三角形の辺の比…
  1：1：$\sqrt{2}$

2点間の距離

2点間の距離は，2点を結ぶ線分を斜辺とする直角三角形を考え三平方の定理を使う。

例 2点A(1，2)，B(4，6)間の距離

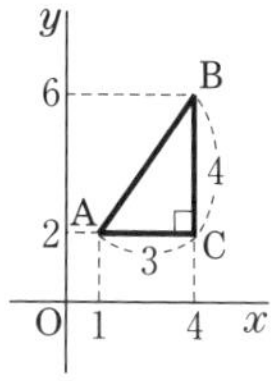

$AB^2=3^2+4^2=25$より，
$AB=5$

例 直方体の対角線

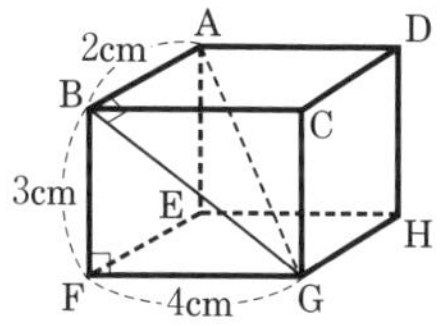

△BFGで
$BG^2=BF^2+FG^2$
$=3^2+4^2=25$
△ABGで
$AG^2=AB^2+BG^2$
$=2^2+25=29$
よって，$AG=\sqrt{29}$ cm

9日目 図形③

定着させよう

解答➡別冊p.19

1 次の各問いに答えなさい。　〔10点×3〕

(1) 右の図で，線分DEと線分BCが平行であるとき，xの値を求めなさい。　〈沖縄〉

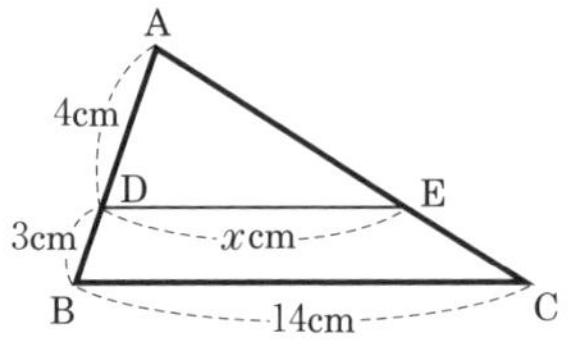

〔　　　　〕

(2) 右の図のように，BC，DE，FGは平行で，FB＝12cm，GE＝4cm，EC＝6cmの△ABCがある。このとき，FDの長さを求めなさい。　〈長野〉

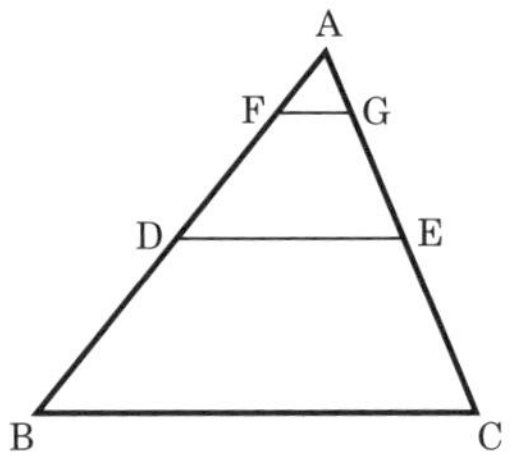

〔　　　　〕

(3) 右の図のように，△ABCで，2辺AB，BCの中点をそれぞれD，Eとし，DE，DCの中点をそれぞれP，Qとする。このとき，△ABCの面積は△DPQの面積の何倍になるか求めなさい。　〈福井〉

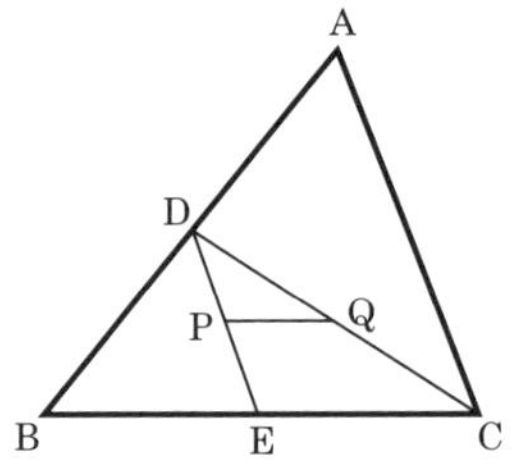

〔　　　　〕

2 右の図のように，△ABCの辺AB上に点D，辺AC上に点Eをとる。このとき，次の(1)，(2)の問いに答えなさい。

〔10点×2〕〈鹿児島〉

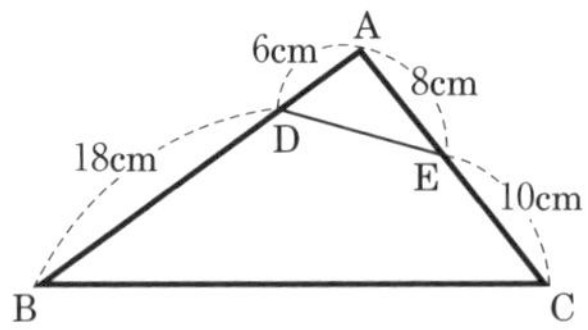

(1) △AED∽△ABCであることを証明しなさい。

(2) △ABCの面積が198cm^{2}のとき，△AEDの面積は何cm^{2}ですか。

〔　　　　〕

3 次の問いに答えなさい。 [10点×3]

(1) 右の図の△ABCを，辺ACを軸として1回転してできる立体の体積を求めなさい。ただし，円周率はπを用いることとする。 〈千葉〉

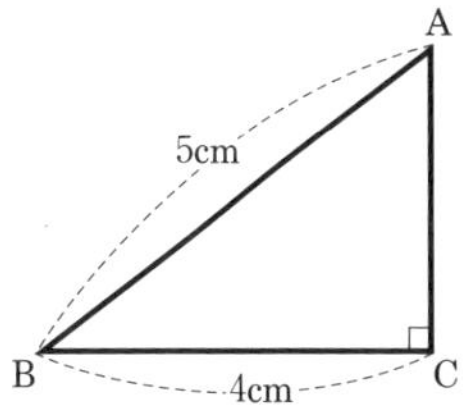

〔　　　　　　　　〕

(2) 右の図のような，∠BACが鋭角で，AB＝AC＝6 cmである二等辺三角形ABCがある。頂点Bから辺ACに垂線BDを引くと，AD＝2 cmとなった。このとき，BCの長さを求めなさい。 〈栃木・改〉

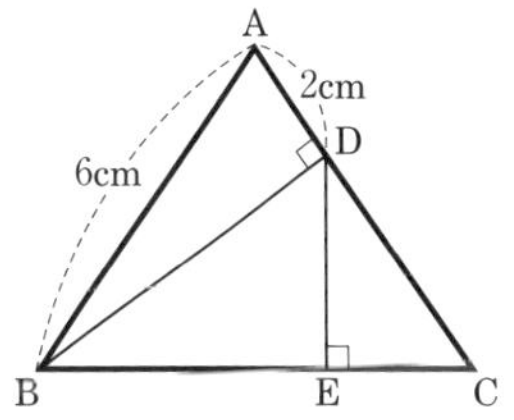

〔　　　　　　　　〕

(3) 右の図で，六角形ABCDEFは，1辺の長さが2 cmの正六角形である。この六角形の対角線DBを半径とし，∠BDFを中心角とするおうぎ形DBFの面積を求めなさい。 〈秋田〉

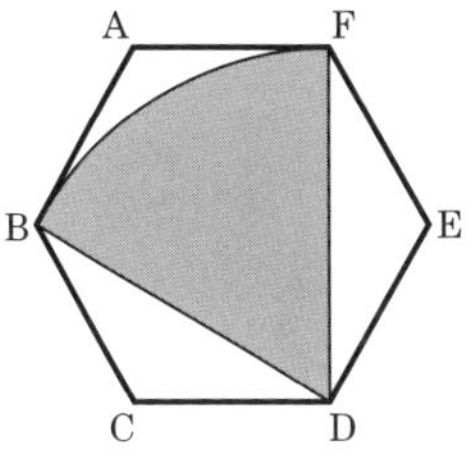

〔　　　　　　　　〕

4 右の図のように，1辺の長さが3 cmである立方体ABCD-EFGHがある。辺BF上にBP＝2 cmとなる点P，辺FE上にFQ＝2 cmとなる点Q，辺FG上にFR＝2 cmとなる点Rをとる。このとき，次の(1)，(2)の問いに答えなさい。 [10点×2]〈茨城〉

(1) 線分DPの長さを求めなさい。

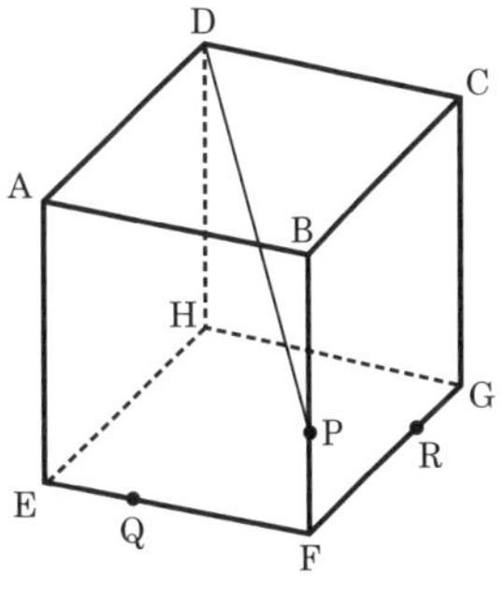

〔　　　　　　　　〕

(2) 四角錐BAQRCの体積を求めなさい。

〔　　　　　　　　〕

10日目 データの活用

整理しよう

解答➡別冊p.20

1 データの活用

1 下の表は，ある中学校の生徒30人の通学時間を度数分布表に整理したものである。

通学時間(分)	度数(人)
0以上 ～ 10未満	3
10 ～ 20	8
20 ～ 30	9
30 ～ 40	6
40 ～ 50	□
50 ～ 60	1
計	30

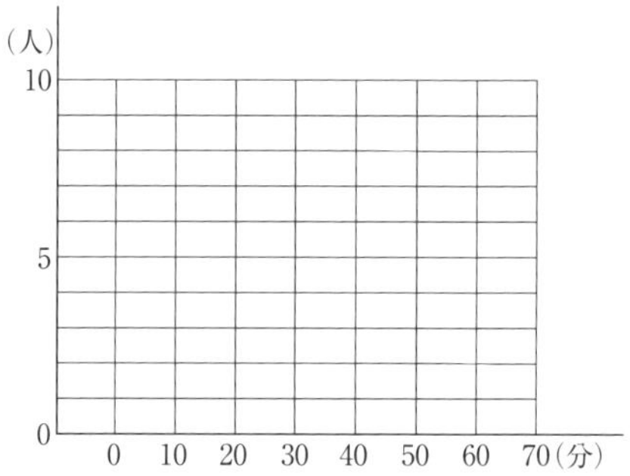

(1) 表の空欄に入る数を求め，図にヒストグラムをかきなさい。

(2) 30分以上40分未満の階級の相対度数を求めなさい。

(　　　　　　)

2 箱に入っていた10個のビー玉の重さをはかったところ，右の表のような結果になった。

4	20
20	6
20	6
6	15
30	20

(単位：g)

(1) 平均値，中央値，最頻値を求めなさい。

平均値(　　　　　　)

中央値(　　　　　　)

最頻値(　　　　　　)

(2) 下の図は，表のデータをもとにかいた箱ひげ図である。**ア，イ**にあてはまる数を答えなさい。ただし，図の大きさは必ずしも正確ではない。

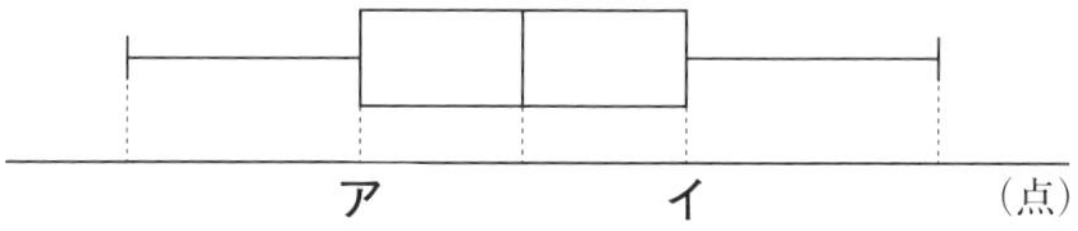

ア(　　　　　　)　**イ**(　　　　　　)

1

階級値
各階級の真ん中の値。

度数
各階級に入っている資料の個数。

重要 相対度数
各階級の度数の全体に対する割合。

ヒストグラム(柱状グラフ)
度数分布表を表したグラフ。

確認 平均値
資料の個々の値の合計を資料の総数でわって求める。
度数分布表では，
(階級値)×(度数)
の合計を資料の総数でわって求める。

中央値(メジアン)
資料の値を大きさの順に並べたときの中央の値。
資料の個数が偶数の場合，中央の2つの値の平均値。

確認 最頻値(モード)
資料の中で最も多く現れる値。
度数分布表では最も度数の多い階級の階級値。

箱ひげ図
最大値，最小値，第1，第2，第3四分位数を表す図。

2　確率

❸ 500円，100円，10円の硬貨が1枚ずつある。これら3枚を同時に投げるとき，次の問いに答えなさい。

(1)　表裏の出方は全部で何通りあるか求めなさい。

(　　　　　　　　)

(2)　3枚とも裏になる確率を求めなさい。

(　　　　　　　　)

❹ 大小2つのさいころを同時に投げるとき，次の確率を求めなさい。

(1)　出る目の数の和が10になる確率

(　　　　　　　　)

(2)　出る目の数の和が3以上になる確率

(　　　　　　　　)

3　標本調査

❺ 次の調査のうち，全数調査よりも標本調査の方が適切であるものをすべて選びなさい。

ア　新聞社が行う世論調査

イ　国勢調査

ウ　ある工場で製造される缶詰の品質検査

エ　学校の健康診断

(　　　　　　　　)

❻ 赤玉と白玉が合計1000個入っている袋がある。この中から50個を無作為に抽出して調べると，赤玉は18個含まれていた。袋の中の赤玉の数はおよそ何個と推定されるか求めなさい。

(　　　　　　　　)

2

確率

起こりうる場合が全部でn通りあり，ことがらAの起こる場合がa通りあるとき，Aの起こる確率pは，

$$p=\frac{a}{n}$$

重要

起こりうるすべての場合を順序よく数えあげるときは樹形図をかくとよい。

例　A，B，Cの3人が横一列に並ぶときの並び方は6通り

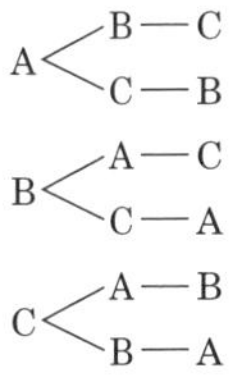

重要

ことがらAの起こる確率をpとすると，
Aの起こらない確率
$=1-p$

注意

あることが起こる確率が1を超えることはない。

3

全数調査

調査対象となっている集団全体について調べる調査。

標本調査

集団の一部を取り出して調査し，全体の傾向を推測する調査。

標本と母集団の傾向

標本調査におけるあることがらの比率と，母集団における比率は等しいと考えてよい。

10日目 データの活用

定着させよう

解答➡別冊 p.21

1 次の各問いに答えなさい。　［12点×2］

(1) 右の表は，ある中学校の3年生20人の休日に運動する時間を調べ，その結果を度数分布表に整理したものである。この表から，20人の休日に運動する時間の平均を求めなさい。〈宮崎〉

階級(分)	度数(人)
0以上 ～ 10未満	4
10 ～ 20	7
20 ～ 30	6
30 ～ 40	3
計	20

〔　　　　〕

(2) 同じ生徒数である2つのクラスA，Bで，生徒の夏休みの1日あたりの学習時間を調べたところ，その結果は右の箱ひげ図のようになった。この図からわかることとして適切でないものを，下の**ア**～**エ**のうちから1つ選びなさい。

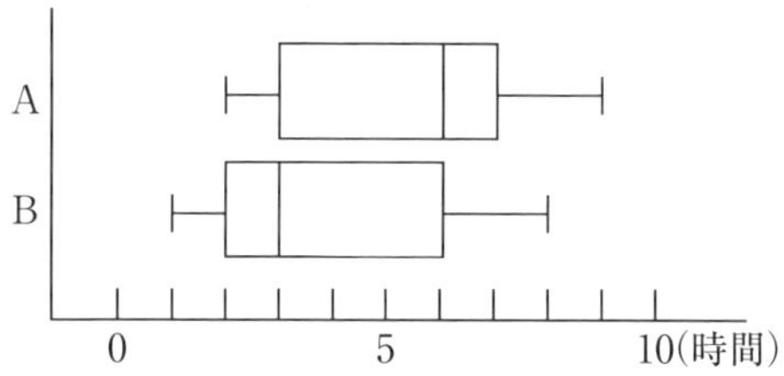

ア　AとBの四分位範囲は同じである。

イ　AとBの，学習時間が2～6時間の生徒の人数はほぼ等しい。

ウ　Bで，学習時間が3～6時間の生徒の人数は，学習時間が2～3時間の生徒のおよそ2倍である。

エ　AとBのデータをもとにしてヒストグラムをかくと，どちらも左右対称な分布にはならない。

〔　　　　〕

2 生徒数40人のクラスで，1か月間に1人1人が読んだ本の冊数を調べた。右の図は，その結果をヒストグラムに表したものである。このとき，次の各問いに答えなさい。　［12点×2］〈三重〉

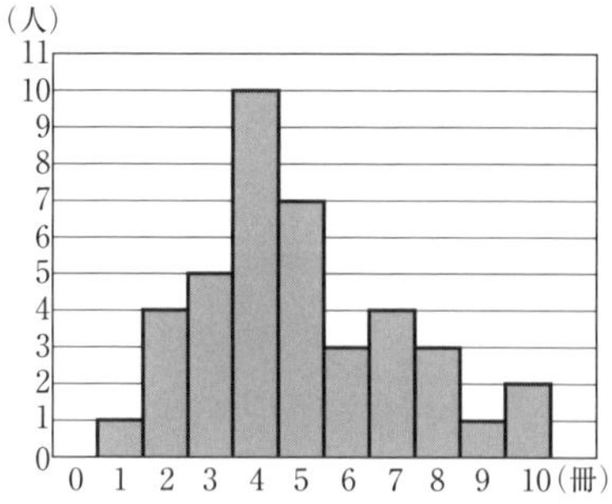

(1) 読んだ本の冊数が8冊以上の生徒は，クラス全体の何%か，求めなさい。

〔　　　　〕

(2) 読んだ本の冊数の中央値を求めなさい。

〔　　　　〕

3 次の問いに答えなさい。

(1) 2つのさいころを同時に投げるとき，出る目の数の和が10より大きい確率はいくらですか。1から6までのどの目が出ることも同様に確からしいものとして答えなさい。

〔8点〕〈大阪〉

〔　　　　　　　　〕

(2) 1，2，3，4，5の数字を1つずつ記入した5枚のカードがある。このカードをよくきってから1枚ずつ2回続けて引き，引いた順に左から並べて2けたの整数をつくる。このとき，できた2けたの整数が4の倍数である確率を求めなさい。 〔12点〕〈群馬〉

〔　　　　　　　　〕

(3) 図のように，箱の中に数字1，4が書かれた玉がそれぞれ2個ずつ，数字2，3が書かれた玉がそれぞれ1個ずつ入っている。箱の中の玉をよくかき混ぜて，玉を1個取り出して数字を調べ，それを箱にもどしてから，また，よくかき混ぜて，玉を1個取り出して数字を調べる。このとき，2回目に取り出した玉に書かれた数字が，1回目に取り出した玉に書かれた数字よりも大きくなる確率を求めなさい。 〔12点〕〈愛知〉

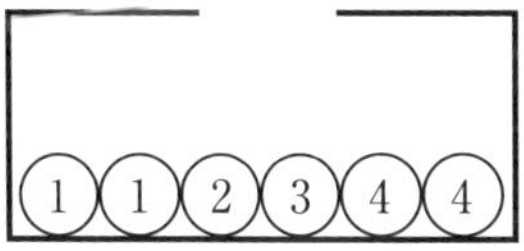

〔　　　　　　　　〕

4 ある中学校の2年生が，職業体験活動を行うことになり，男子3人，女子2人の合わせて5人は，お茶の直売所で，販売係と計量係に分かれて活動することになった。表は，それぞれの係の人数を示したものである。販売係2人をくじで選び，残りの3人を計量係とすることにした。くじで選ばれた販売係2人のうち，少なくとも1人は女子である確率を求めなさい。ただし，販売係をくじで選ぶとき，どの人が選ばれることも同様に確からしいとする。

係の人数
販売係　2人
計量係　3人

〔12点〕〈静岡・改〉

〔　　　　　　　　〕

5 同じ大きさの白玉だけがたくさん入っている袋がある。この袋の中に，白玉と同じ大きさの黒玉50個を入れ，よくかき混ぜた後，その中から30個の玉を無作為に抽出すると，黒玉が5個含まれていた。はじめに袋の中に入っていた白玉のおよその個数として最も適当なのは，**ア**～**エ**のうちではどれですか。1つ答えなさい。 〔8点〕〈岡山〉

ア　およそ150個　　**イ**　およそ200個　　**ウ**　およそ250個　　**エ**　およそ300個

〔　　　　　　　　〕

第1回	入試にチャレンジ	時間：30分 解答：別冊 p.22	得点 /100点

1 次の問いに答えなさい。 [(1)3点×4，他4点×5]

(1) 次の計算をしなさい。

① $6-2\times(-3)$ 〈福岡〉　② $2(3a+b)-(a-2b)$ 〈岡山〉

③ $(6x^2y+4xy^2)\div 2xy$ 〈富山〉　④ $\sqrt{8}+\sqrt{6}\times\sqrt{3}$ 〈茨城〉

(2) 2次方程式$x^2-3x-18=0$を解きなさい。 〈兵庫〉

(3) yはxに比例し，$x=3$のとき$y=-6$となります。$x=-5$のとき，yの値を求めなさい。 〈北海道〉

(4) 右の図のように，円Oの円周上に，4点A，B，C，Dがある。$\overset{\frown}{AB}=\overset{\frown}{BC}$，$\angle BDC=27^\circ$のとき，$\angle AOC$の大きさ$x$を求めなさい。 [4点]〈宮崎〉

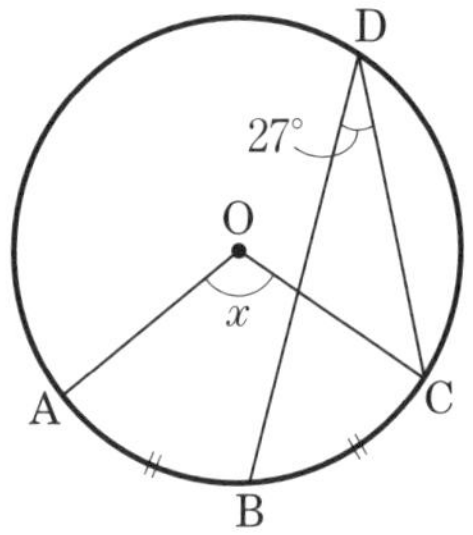

(5) 半径が2 cmである球の体積をPcm^3，半径が3 cmである球の体積をQcm^{3}とするとき，PとQの比を最も簡単な整数の比で表しなさい。 〈神奈川〉

(6) 500円硬貨，100円硬貨，50円硬貨がそれぞれ1枚ずつある。これらの3枚の硬貨を同時に投げるとき，表の出る硬貨の合計金額が100円以上600円以下となる確率を求めよ。 〈鹿児島〉

(1)	①		②		③		④	
(2)		(3)		(4)				
(5)		(6)						

2 よし子さんたちは文化祭のバザーで，みかんを２個または３個ずつ袋に入れて売ることにした。２個入りは１袋80円，３個入りは１袋100円で，それぞれ売ったところ，用意していた150個のみかんがすべて売れ，売り上げた金額は5440円になった。２個入りの袋と３個入りの袋が，それぞれ何袋売れたか求めなさい。ただし，用いる文字が何を表すかを最初に書いてから連立方程式をつくり，答えを求める過程も書くこと。 [6点]〈愛媛〉

3 Aさんは，ある会社に勤務している。この会社では昼間に勤務する「日勤」，夜間に勤務する「夜勤」，そして「休み」の３種類の勤務形態があり，右のような順序をくり返して勤務することになっている。

日	→	日	→	休	→	夜	→	休
(日勤)		(日勤)		(休み)		(夜勤)		(休み)

Aさんは１週目の日曜日から勤務を開始した。したがって，Aさんの勤務表は表１のようになる。

勤務を開始した日（１週目の日曜日）を１日目として，次の(1)，(2)に答えなさい。 [(1)3点×2，(2)4点×2]〈島根〉

表１

曜日	日	月	火	水	木	金	土
１週目	日	日	休	夜	休	日	日
２週目	休	夜	休	日	日	休	夜
３週目	休	日	日	休	夜	休	日
４週目	日	休	夜	休	日	日	休
………	…	…	…	…	…	…	…

(1) 40日目は何曜日か，答えなさい。また，この日の勤務形態は日勤，夜勤，休みのどれになるか，答えなさい。

(2) n回目の夜勤が何日目であるか，勤務開始からの日数を調べたところ，表２のようになることがわかった。

表２

夜勤	１回目	２回目	３回目	４回目	５回目	…	10回目	…
勤務開始からの日数	4	9	14	19	24	…	ア	…

① 表２の ア にあてはまる数を求めなさい。

② n回目の夜勤は何日目であるか，nを用いた式で表しなさい。

(1)	曜日	勤務形態	(2)	①		②	

4 図のように，関数$y=ax^2$のグラフ上に２点A，Bがあり，関数$y=bx^2$のグラフ上に２点C，Dがある。点Aの座標は(−2，2)，３点B，C，Dのx座標はそれぞれ３，−4，２である。

次の問いに答えなさい。ただし，座標軸の単位の長さは１cmとする。〈兵庫〉

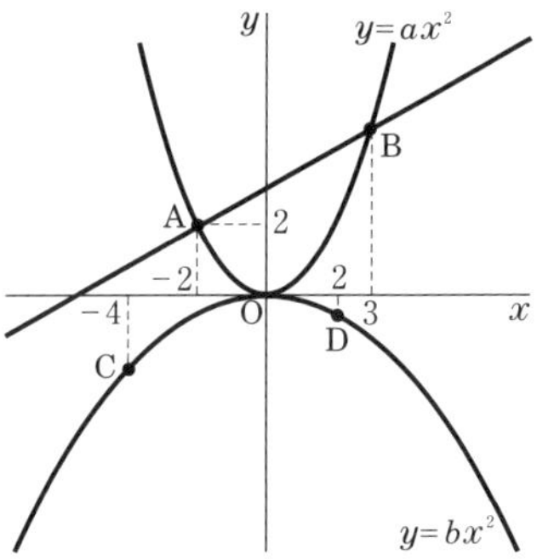

(1) aの値を求めなさい。 [4点]

(2) 直線ABの式を求めなさい。 [5点]

(3) 次の文は，関数$y=bx^2$のxの値が−4から２まで増加するときの変化の割合について述べたものである。

［①］にあてはまるものを，あとの**ア**～**エ**から，［②］にあてはまるものを，あとの**オ**～**ク**からそれぞれ１つ選んで，その記号を書きなさい。 [2点×2]

> 関数$y=bx^2$のxの値が−4から２まで増加するときの変化の割合を，bを使って表すと［①］なので，$b<0$の範囲では，この変化の割合は［②］

ア b　**イ** $-2b$　**ウ** $6b$　**エ** $-10b$

オ bの値が増加するにつれて，増加してから減少する。

カ bの値が増加しても一定である。

キ bの値が減少するにつれて増加する。

ク bの値が減少するにつれて減少する。

(4) AB∥CDのとき，四角形ACDBの面積は何cm^{2}か，求めなさい。 [5点]

(1)				(2)	
(3)	①		②	(4)	

5 図1のように，線分AB上に点Cをとり，AC，CBを，それぞれ1辺とする正三角形△ACDと△CBEをABの同じ側につくる。また，AEとBDの交点をF，CEとBDの交点をGとする。次の各問いに答えなさい。〈長野〉

図1

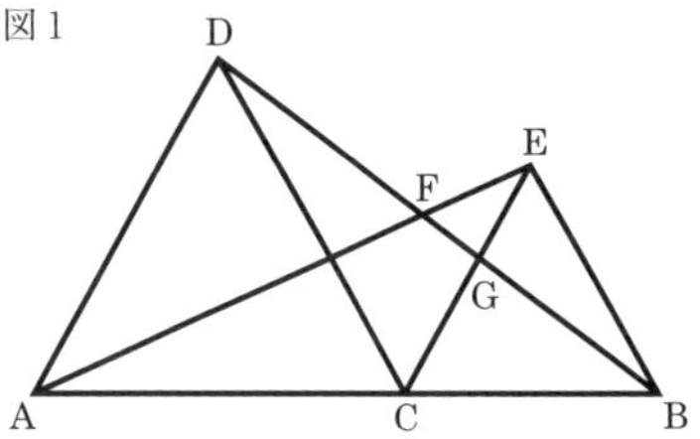

(1) ∠DCEの大きさを求めなさい。 〔4点〕

(2) △ACE≡△DCBを証明しなさい。 〔8点〕

(3) ∠BFE＝60°であることを，次のように求めた。

> (2)より，△ACE≡△DCBから，　∠AEC＝∠DBC
> だから，円周角の定理の逆より，4点B，E，[あ]，[い]は，同じ円周上にある。
> よって，$\overset{\frown}{BE}$に対する円周角は等しいから，　∠BFE＝[う]
> したがって，∠BFE＝60°

① [あ]，[い]に当てはまる点を，それぞれ記号を用いて書きなさい。ただし，[あ]，[い]の順序は問わない。 〔完答で2点〕

② [う]に当てはまる最も適切な角を，記号を用いて書きなさい。 〔2点〕

(4) 図2は，図1の図形でAC＝12cm，CB＝6cmとしたものとする。

図2

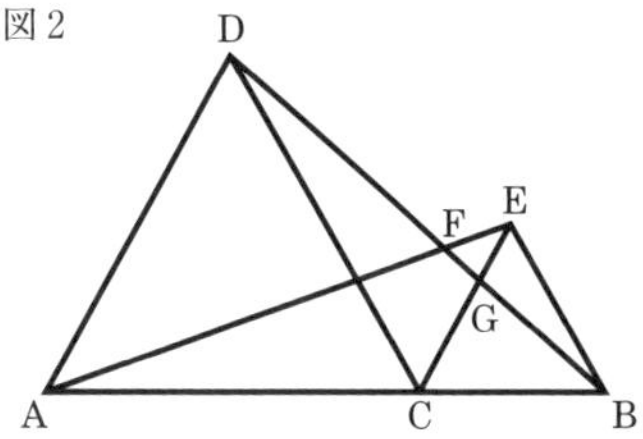

① 次のように，相似な2つの三角形を見つけることにより，その相似比から，CG：GEを求めることができる。
[え]に当てはまる最も適切な三角形を記号を用いて書き，[お]に当てはまる最も簡単な整数の比を求めなさい。 〔2点×2〕

> △DCG∽[え]だから，CG：GE＝[お]である。

② BGの長さを求めなさい。 〔5点〕

③ △EFGの面積を求めなさい。 〔5点〕

(1)													
(2)													
(3)	①		②		(4)	①	え		お	②		③	

第2回 入試にチャレンジ	時間：30分 解答：別冊 p.23	得点 /100点

1 次の問いに答えなさい。

〔4点×9〕

(1) 次の計算をしなさい。

① $\frac{2}{3}-\frac{7}{10}\div\left(-\frac{7}{15}\right)$ 〈茨城〉 ② $\frac{x+y}{2}+\frac{x-2y}{3}$ 〈香川〉

③ $(x+1)^2-(x-3)(x+2)$ 〈奈良〉 ④ $\sqrt{20}+2\sqrt{5}-\sqrt{45}$ 〈大分〉

(2) ある動物園の入園料は，大人1人がa円，子ども1人がb円であり，大人3人と子ども4人の入園料の合計が3000円以下であった。この数量の間の関係を不等式で表しなさい。

〈香川〉

(3) $x(x+1)-20$を因数分解しなさい。 〈愛知〉

(4) 右の図のように，x軸，y軸とそれぞれ点A，Bで交わる直線①がある。点Oは原点とする。点Bのy座標が4，△OABの面積が10のとき，直線①の式を求めなさい。 〈北海道〉

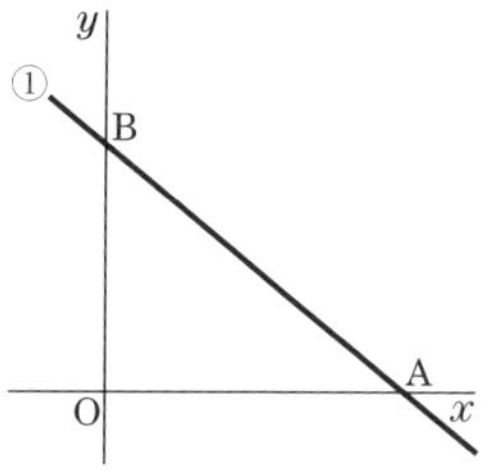

(5) 下の資料は，ある中学校の3年生男子11名が行った反復横跳びの回数を記録したものである。中央値を求めなさい。 〈青森〉

63	52	61	56	42	65	58	61	55	43	49

(6) 右の図のように，$\angle BAC=42°$，AB＝ACの二等辺三角形ABCがあり，辺AC上にAD＝BDとなる点Dをとる。このとき，$\angle x$の大きさを求めなさい。 〈山口〉

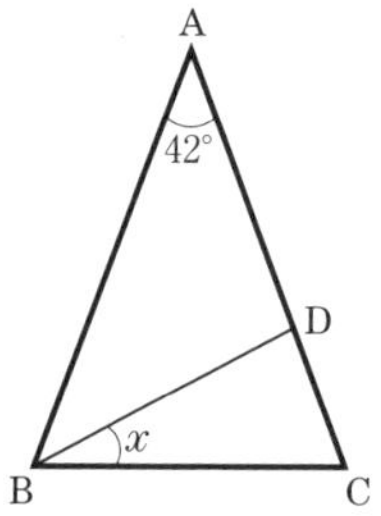

(1)	①		②		③		④	
(2)			(3)			(4)		
(5)				(6)				

2 太郎さんの中学校では，毎月，アルミ缶とスチール缶の回収を行っている。6月に回収したアルミ缶とスチール缶は両方合わせて60kgであった。7月は6月に比べ，アルミ缶が30％増え，スチール缶は20％減り，全体で68kgであった。

このとき，次の問いに答えなさい。 〔6点×2〕〈富山〉

(1) 6月に回収したアルミ缶を$x$kg，スチール缶を$y$kgとして連立方程式をつくりなさい。

(2) 6月に回収したアルミ缶とスチール缶の重さをそれぞれ求めなさい。
また，7月に回収したアルミ缶とスチール缶の重さをそれぞれ求めなさい。

(1)		(2)	6月	アルミ缶 kg	スチール缶 kg
			7月	アルミ缶 kg	スチール缶 kg

3 右の図のように，5つの地点に1から4までの数字を，また，それらを結ぶ経路にはA，B，C，Dの文字を割り当て，次の［1］～［5］に従ってコマを動かし，2けたの整数Xをつくる。

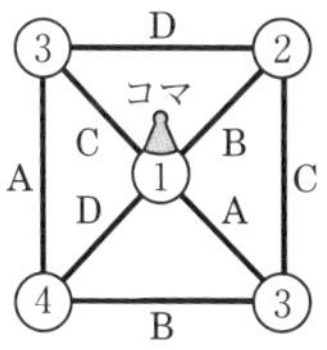

［1］ 最初，コマを①の地点におく。

［2］ A，B，C，Dと書かれたカードが1枚ずつ入っている袋の中から，カードを1枚取り出す。書かれている文字と同じ経路にそってコマを移動させる。

［3］ 移動後の地点の数字をXの十の位の数字とする。

［4］ カードをもどしたあと，［2］をもう一度行う。ただし，書かれている文字と同じ経路がなければ，コマを移動させない。

［5］ 最後にコマがある地点の数字をXの一の位の数字とする。

例えば，A，Aの順にカードを取り出した場合，コマの位置は①→③→①となるので，$X=31$，D，Cの順にカードを取り出した場合，コマの位置は①→④→④となるので，$X=44$となる。このとき，次の問いに答えなさい。 〔6点×2〕〈福井〉

(1) $X=23$となるカードの取り出し方を例にならってすべて書き出しなさい。
例 C，Aの順にカードを取り出す場合，C→Aと記入する。

(2) Xが素数となる確率を求めなさい。ただし，どのカードの取り出し方も同様に確からしいとする。

(1)		(2)	

4

図1，図2のように，点Oを中心とし，線分ABを直径とする半径5 cmの半円がある。(1)・(2)に答えなさい。

[(1)4点,(2)①4点,②8点,③6点]〈徳島〉

図1

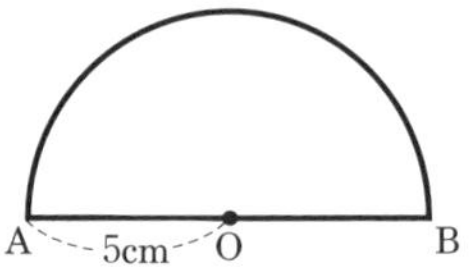

(1) 図1の半円を，直線ABを回転の軸として1回転させてできる立体の表面積を求めなさい。

(2) 図2のように，AB∥CDとなるように，$\widehat{\mathrm{AB}}$上に2点C，Dをとり，四角形ABDCの対角線AD，BCを引く。線分ODと線分BCとの交点をEとし，①～③に答えなさい。

① ∠BAD＝21°のとき，∠BODの大きさを求めなさい。

② △ABD≡△BACを証明しなさい。

③ CD＝6 cmのとき，△BEDの面積を求めなさい。

図2

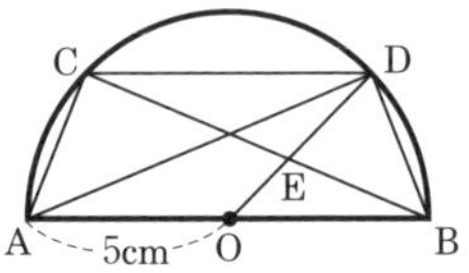

<table>
<tr><td>(1)</td><td colspan="4"></td></tr>
<tr><td rowspan="2">(2)</td><td>①</td><td></td><td>③</td><td></td></tr>
<tr><td>②</td><td colspan="3"></td></tr>
</table>

5

関数$y=-3x^2$のグラフと，点D(0，−12)を通り，x軸に平行な直線が2点A，Bで交わっている。また，関数$y=-3x^2$のグラフ上の点Cのx座標は−1である。

このとき，次の各問いに答えなさい。ただし，座標の1目もりは1 cmである。

[(1)(2)4点,(3)(4)5点]〈沖縄〉

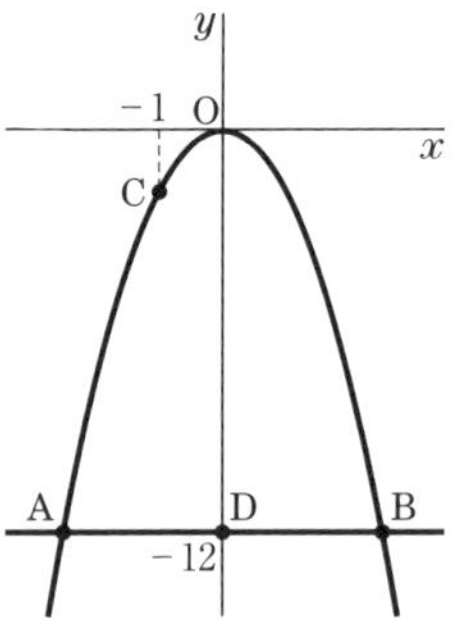

(1) 点Cのy座標を求めなさい。

(2) 線分ABの長さを求めなさい。

(3) 2点B，Cを通る直線の式を求めなさい。

(4) △OBCの面積を求めなさい。

(1)		(2)	
(3)		(4)	

ΣBEST シグマベスト

高校入試 10日でできる！

中学3年分まるごと総復習 数学

解答・解説

得点チェックグラフ

「定着させよう」「入試にチャレンジ」の得点を，下の棒グラフを使って記録しよう。得点が低かった単元は「整理しよう」から復習して弱点をなくそう。

		0	10	20	30	40	50	60	70	80	90	100(点)
1日目	数と式①											
2日目	数と式②											
3日目	方程式											
4日目	方程式の利用											
5日目	比例・反比例と1次関数											
6日目	関数 $y=ax^2$											
7日目	図形①											
8日目	図形②											
9日目	図形③											
10日目	データの活用											
●第1回	入試にチャレンジ											
●第2回	入試にチャレンジ											

文英堂

1日目 数と式①

整理しよう　解答

❶ (1) 0.7　(2) $-4,\ -\frac{10}{3},\ -3,\ 0,\ 1$

❷ (1) -3　(2) 4　(3) -9　(4) -32

❸ (1) $\frac{9}{10}x$ 円　(2) $70a$ m　(3) πr^2 cm^2

(4) $10y$ g

❹ (1) $8x+3y<800$　(2) $a=5b$

❺ (1) -36　(2) -3

❻ (1) $-8ax^2y$　(2) $-\frac{x}{2}$　(3) $3x^2y$

(4) $-6ab^2$

❼ (1) $2a-8b$　(2) $3x-y$　(3) $\frac{4}{3}x-2y$

(4) $\frac{-x+7y}{12}$

解説

❶ (1) -0.7 の絶対値は，0.7である。

❷ (2) 与式$=5-4\div4=5-1=4$

(3) 与式$=-36\times\frac{1}{4}=-\frac{36}{4}=-9$

(4) 与式$=-\left(12\times\frac{4}{3}\times2\right)=-32$

❸ (3) 円の面積＝半径×半径×円周率

$=r\times r\times\pi=\pi r^2$

(4) $1000\times\frac{y}{100}=10y$

❹ (1) 代金は，$x\times8+y\times3=8x+3y$(円)

$8x+3y<800$

(2) b 分間に入る水の量は，$5\times b=5b$(L)

これが a L と等しいから，$a=5b$

❺ (1) $4\times(-7)-8=-28-8=-36$

(2) $-2\times(-3)^2-5\times(-3)=-18+15$

$=-3$

❻ (1) 与式$=4\times(-2)\times ax^2y=-8ax^2y$

(2) 与式$=(-2x)^3\times\frac{1}{(-4x)^2}=\frac{-8x^3}{16x^2}$

$=-\frac{{}^{1}\cancel{8}\times\cancel{x}\times\cancel{x}\times x}{{}_{2}\cancel{16}\times\cancel{x}\times\cancel{x}}=-\frac{x}{2}$

(3) 与式$=\frac{5}{2}\times\frac{6}{5}\times x^2y=3x^2y$

(4) 与式$=-2a^3b^3\times\frac{3}{a^2b}=\frac{-2\times3\times a^3b^3}{a^2b}$

$=\frac{-6\times\cancel{a}\times\cancel{a}\times a\times\cancel{b}\times b\times b}{\cancel{a}\times\cancel{a}\times\cancel{b}}=-6ab^2$

❼ (1) 与式$=6a-12b-4a+4b=2a-8b$

(2) 与式$=8x-6y-5x+5y=3x-y$

(3) 与式$=\frac{5}{3}x-3y-\frac{1}{3}x+y=\frac{4}{3}x-2y$

(4) 与式$=\frac{(2x+y)\times4}{3\times4}-\frac{(3x-y)\times3}{4\times3}$

$=\frac{8x+4y}{12}-\frac{9x-3y}{12}=\frac{-x+7y}{12}$

定着させよう　解答

1 5つ

2 (1) -7　(2) $-\frac{11}{35}$　(3) -4　(4) -8

(5) $\frac{10}{3}$　(6) 17

3 (1) $y=25-7x$

(2) $3a+b>700$　(3) $\frac{19a+b}{20}$

4 (1) 16　(2) $x=\frac{5y+7}{2}$

5 (1) $2x^3y$　(2) $2a$　(3) a^2b^3　(4) $6a$

6 (1) $-a-16b$　(2) $-5x+6y$

(3) $\frac{-7a+5b}{12}$　(4) $\frac{x-7y}{10}$

7 Mは，$M=100a+10b+c$　…①

と表せる。また，問題の条件より，

$a+c=b$　…②

である。②を①に代入すると，

$M=100a+10(a+c)+c$

$=110a+11c=11(10a+c)$

$10a+c$ は整数だから，$11(10a+c)$ は11の倍数である。よって，Mは11の倍数である。

解説

1 −2，−1，0，1，2の5つ。

2 (1) 与式$=-5-\dfrac{8}{4}=-5-2=-7$

(2) 与式$=\dfrac{2\times5}{7\times5}-\dfrac{3\times7}{5\times7}=\dfrac{10-21}{35}=-\dfrac{11}{35}$

(3) 与式$=-(20\div5)=-4$

(4) 与式$=-3-5=-8$

(5) 与式$=5\times4\div6=\dfrac{5\times4}{6}=\dfrac{10}{3}$

(6) 与式$=2-5\times\{-(5-2)\}$

$=2-5\times(-3)=2+15=17$

3 (1) yを求める式は，$y=25-7x$

(2) 代金の合計は，$a\times3+b=3a+b$

(3) 19人の記録の合計は$19a$秒で，もう1人の記録b秒と合わせて，20人で合計$(19a+b)$秒である。

4 (1) $(3x-2y)+2(2x-y)=7x-4y$

これに$x=2$，$y=-\dfrac{1}{2}$を代入すると，

$7\times2-4\times\left(-\dfrac{1}{2}\right)=14+\dfrac{4}{2}=16$

(2) 両辺に$5y$をたすと，$2x=5y+7$

この両辺を2で割る。

5 (1) 与式$=\dfrac{8x^4y^3}{4xy^2}=2x^3y$

(2) 与式$=\dfrac{16a^2b}{8ab}=2a$

(3) 与式$=ab\times a\times b^2=a^2b^3$

(4) 与式$=\dfrac{10}{3}\times\dfrac{9}{5}\times\dfrac{a^3b^2}{a^2b^2}=6a$

6 (1) 与式$=-7a-14b+6a-2b$

$=-a-16b$

(2) 与式$=3x-6y-8x+12y$

$=-5x+6y$

(3) 与式$=\dfrac{(2a-b)\times4}{3\times4}-\dfrac{(5a-3b)\times3}{4\times3}$

$=\dfrac{8a-4b}{12}-\dfrac{15a-9b}{12}=\dfrac{-7a+5b}{12}$

(4) 与式$=\dfrac{(3x-y)\times5}{2\times5}-\dfrac{(7x+y)\times2}{5\times2}$

$=\dfrac{15x-5y}{10}-\dfrac{14x+2y}{10}=\dfrac{x-7y}{10}$

2日目 数と式②

整理しよう　解答

❶ (1) $ab+2a-b-2$ (2) $x^2+7x+12$
(3) x^2+6x+9 (4) x^2-4y^2

❷ -4

❸ (1) $5a(a+3)$ (2) $(x+1)(x+13)$
(3) $(x-5)^2$ (4) $(a-4)(a+6)$
(5) $(x+9)(x-9)$ (6) $3(x-6)(x+2)$

❹ (1) 5600 (2) 689

❺ (1) ±3 (2) 5 (3) $\sqrt{2}$，π

❻ (1) $2\sqrt{10}$ (2) $\dfrac{1}{2}$ (3) $2\sqrt{6}$
(4) 9 (5) $7\sqrt{3}$ (6) $-6\sqrt{2}$
(7) $5\sqrt{3}$ (8) $-3\sqrt{5}$

❼ (1) $3\sqrt{5}-12$ (2) $-1-\sqrt{5}$
(3) $10-2\sqrt{21}$ (4) -21

解説

❶ (1) 与式$=a(b+2)-(b+2)$

$=ab+2a-b-2$

(2) 与式$=x^2+(3+4)x+3\times4$

$=x^2+7x+12$

(3) 与式$=x^2+2\times x\times3+3^2$

$=x^2+6x+9$

(4) $(x+2y)(x-2y)=x^2-(2y)^2=x^2-4y^2$

❷ 与式$=(2n)^2-10n-2n+5$

$-(2n)^2+2\times2n\times3-3^2$

$=5-9=-4$

❸ (2) $x^2+(a+b)x+ab=(x+a)(x+b)$より，
かけて13，たして14になる数の組は，
1，13であるから，
$x^2+14x+13=(x+1)(x+13)$

(3) −10の半分(−5)の2乗は25だから，
$x^2-10x+25=(x-5)^2$

(4) かけて−24，たして2になる数の組は，
−4と6である。よって，
$a^2+2a-24=(a-4)(a+6)$

(5) $a^2-b^2=(a+b)(a-b)$より，
$x^2-81=(x+9)(x-9)$

(6) $3x^2-12x-36=3(x^2-4x-12)$
$=3(x-6)(x+2)$

❹ (1) $78^2-22^2=(78+22)(78-22)$
$=100\times56=5600$

(2) $345^2-344^2=(345+344)(345-344)$
$=689\times1=689$

❺ (2) $2\sqrt{7}=\sqrt{2^2\times7}=\sqrt{28}$，$5=\sqrt{5^2}=\sqrt{25}$

(3) $\sqrt{9}=3$，$-0.6=-\frac{6}{10}$であるから，
$\sqrt{9}$，-0.6は有理数。

❻ (1) 与式$=\sqrt{40}=\sqrt{2^2\times10}=2\sqrt{10}$

(2) 与式$=\frac{\sqrt{6}}{\sqrt{24}}=\sqrt{\frac{6}{24}}=\sqrt{\frac{1}{4}}=\frac{1}{2}$

(3) 与式$=\frac{4}{\sqrt{3}}\times\frac{3}{\sqrt{2}}=\frac{12}{\sqrt{6}}=\frac{12\sqrt{6}}{6}=2\sqrt{6}$

(4) 与式$=3\sqrt{6}\times\frac{\sqrt{3}}{\sqrt{2}}=3\sqrt{\frac{6\times3}{2}}=9$

(5) 与式$=3\sqrt{3}+4\sqrt{3}=7\sqrt{3}$

(6) 与式$=2\sqrt{2}-3\sqrt{2}-5\sqrt{2}=-6\sqrt{2}$

(7) 与式$=\frac{6\times\sqrt{3}}{\sqrt{3}\times\sqrt{3}}+3\sqrt{3}=\frac{6\sqrt{3}}{3}+3\sqrt{3}$
$=2\sqrt{3}+3\sqrt{3}=5\sqrt{3}$

(8) 与式$=\frac{\sqrt{3^2\times5}}{3}-\frac{20\times\sqrt{5}}{\sqrt{5}\times\sqrt{5}}$
$=\frac{3\sqrt{5}}{3}-\frac{20\sqrt{5}}{5}=\sqrt{5}-4\sqrt{5}=-3\sqrt{5}$

❼ (1) 与式$=\sqrt{3}\times\sqrt{15}-\sqrt{3}\times4\sqrt{3}$
$=3\sqrt{5}-12$

(2) 与式$=\sqrt{5}\times\sqrt{5}-3\sqrt{5}+2\sqrt{5}-2\times3$
$=5-\sqrt{5}-6=-1-\sqrt{5}$

(3) 与式$=(\sqrt{7})^2-2\times\sqrt{7}\times\sqrt{3}+(\sqrt{3})^2$
$=10-2\sqrt{21}$

(4) 与式$=(\sqrt{3})^2-(2\sqrt{6})^2=3-2^2\times6$
$=-21$

定着させよう　解答

1 (1) $3x^2-7xy-6y^2$　(2) $9x^2+6x+1$

2 (1) $8x-25$　(2) $3x^2-3y^2$
(3) $-3x-10$　(4) -18

3 (1) $(x-7)^2$　(2) $(x+2)(x-2)$
(3) $(x+1)(x-6)$　(4) $(x+1)(x+5)$
(5) $(x-3)(x-8)$　(6) $(x-4)(x+4)$

4 4

5 (1) $2\sqrt{2}$　(2) $4\sqrt{6}$　(3) $3\sqrt{2}$　(4) 3
(5) $3-\sqrt{3}$　(6) $-4\sqrt{6}$　(7) $7\sqrt{2}$
(8) $\frac{9\sqrt{2}}{2}$　(9) 23　(10) $5-\sqrt{7}$

6 (1) 2　(2) $8\sqrt{7}$

7 (1) 2，3，4　(2) 1

解説

1 (1) 与式$=3x^2+2xy-9xy-6y^2$
$=3x^2-7xy-6y^2$

(2) 与式$=(3x)^2+2\times3x\times1+1^2$
$=9x^2+6x+1$

2 (1) 与式$=x^2-3^2-(x^2-8x+16)$
$=-9+8x-16=8x-25$

(2) 与式$=4x^2+4xy+y^2-(x^2+4xy+4y^2)$
$=3x^2-3y^2$

(3) 与式$=x^2+5x+6-(x^2+8x+16)$
$=-3x-10$

(4) 与式$=x^2-9-(x^2-6x+9)-6x$
$=x^2-9-x^2+6x-9-6x=-18$

3 (1) -14の半分(-7)の2乗が49だから，
$x^2-14x+49=(x-7)^2$

(3) 積が-6，和が-5となる2数は1，-6
$x^2-5x-6=(x+1)(x-6)$

(4) 積が5，和が6となる2数は1，5
$x^2+6x+5=(x+1)(x+5)$

(5) 与式$=x^2-14x+24+3x$
$=x^2-11x+24=(x-3)(x-8)$

(6) $x-2=X$とおくと，
与式$=X^2+4X-12=(X-2)(X+6)$
$=(x-2-2)(x-2+6)$
$=(x-4)(x+4)$

4 $-6b$の半分$(-3b)$の2乗が$9b^2$だから，
$a^2-6ab+9b^2=(a-3b)^2$

$a=5$，$b=\frac{7}{3}$を代入して，

$\left(5-3\times\frac{7}{3}\right)^2=(5-7)^2=4$

5 (1) 与式$=\sqrt{\frac{6}{3}}+\sqrt{2}=\sqrt{2}+\sqrt{2}=2\sqrt{2}$

(2) 与式$=\frac{12}{\sqrt{6}}+\sqrt{2^2\times6}=\frac{12\times\sqrt{6}}{\sqrt{6}\times\sqrt{6}}+2\sqrt{6}$

$=\dfrac{12\sqrt{6}}{6}+2\sqrt{6}=4\sqrt{6}$

(3) 与式$=4\sqrt{2}-2\times3\sqrt{2}+5\sqrt{2}=3\sqrt{2}$

(4) 与式$=\sqrt{3}\times(3\sqrt{3}-2\sqrt{3})$

$=\sqrt{3}\times\sqrt{3}=3$

(5) 与式$=(\sqrt{3})^2-5\sqrt{3}+4\sqrt{3}=3-\sqrt{3}$

(6) 与式$=\sqrt{3^2\times6}-\dfrac{42\times\sqrt{6}}{\sqrt{6}\times\sqrt{6}}$

$=3\sqrt{6}-\dfrac{42\sqrt{6}}{6}=3\sqrt{6}-7\sqrt{6}=-4\sqrt{6}$

(7) 与式$=\sqrt{2}-\sqrt{2^2\times2}+\dfrac{16\times\sqrt{2}}{\sqrt{2}\times\sqrt{2}}$

$=\sqrt{2}-2\sqrt{2}+\dfrac{16\sqrt{2}}{2}=7\sqrt{2}$

(8) 与式$=3\sqrt{2}+\dfrac{3\times\sqrt{2}}{\sqrt{2}\times\sqrt{2}}$

$=3\sqrt{2}+\dfrac{3\sqrt{2}}{2}=\dfrac{9\sqrt{2}}{2}$

(9) 与式$=(2\sqrt{7})^2-(\sqrt{5})^2=2^2\times7-5=23$

(10) 与式$=7+(1-2)\sqrt{7}-2=5-\sqrt{7}$

6 (1) $x^2+8x+16=(x+4)^2$

$x=-4+\sqrt{2}$を代入して，

$(-4+\sqrt{2}+4)^2=(\sqrt{2})^2=2$

(2) $x^2-y^2=(x+y)(x-y)$

$x=\sqrt{7}+2$，$y=\sqrt{7}-2$を代入して，

$(\sqrt{7}+2+\sqrt{7}-2)\{\sqrt{7}+2-(\sqrt{7}-2)\}$

$=2\sqrt{7}\times4=8\sqrt{7}$

7 (1) $1<\sqrt{2}<2$，$4<\sqrt{19}<5$より，

整数xは，2，3，4である。

(2) $\sqrt{9}<\sqrt{10}<\sqrt{16}$より$3<\sqrt{10}<4$

よって，小数部分aは，$a=\sqrt{10}-3$

$a(a+6)=(\sqrt{10}-3)(\sqrt{10}-3+6)$

$=(\sqrt{10}-3)(\sqrt{10}+3)$

$=(\sqrt{10})^2-3^2=10-9=1$

3日目 方程式

整理しよう　解答

1 (1) $x=5$　(2) $x=-11$　(3) $x=11$

(4) $x=-21$　(5) $x=6$　(6) $x=4$

2 (1) $x=\dfrac{9}{5}$　(2) $x=2$

3 (1) $x=8$，$y=-1$　(2) $x=7$，$y=5$

4 (1) $x=4$，$y=-6$　(2) $x=3$，$y=4$

5 (1) $x=0$，-5　(2) $x=6$

(3) $x=-3$，11　(4) $x=-4$，4

6 (1) $x=\pm3\sqrt{3}$　(2) $x=5\pm\sqrt{2}$

7 (1) $x=-1\pm\sqrt{2}$　(2) $x=3\pm2\sqrt{2}$

8 (1) $x=\dfrac{-5\pm\sqrt{13}}{2}$　(2) $x=\dfrac{2\pm\sqrt{10}}{3}$

解説

1 (1) $4x-x=8+7$より，$3x=15$　$x=5$

(2) $9x+63=4x+8$より，$9x-4x=8-63$

$5x=-55$　$x=-11$

(3) 両辺に10をかけて，$4x+23=100-3x$

$4x+3x=100-23$　$7x=77$　$x=11$

(4) 両辺に10をかけて，$x-22=5x+62$

$x-5x=62+22$　$-4x=84$　$x=-21$

(5) $\left(-\dfrac{1}{2}x+2\right)\times6=\left(\dfrac{2}{3}x-5\right)\times6$

$-3x+12=4x-30$

$-7x=-42$　$x=6$

(6) $\dfrac{x+5}{6}\times12=\left(\dfrac{3}{4}x-\dfrac{3}{2}\right)\times12$

$2x+10=9x-18$　$-7x=-28$　$x=4$

2 (2) $x:4=(5-x):6$

$6x=4\times(5-x)$　$10x=20$　$x=2$

3 (1) $\begin{cases}2x+4y=12 & \cdots① \\ x+y=7 & \cdots②\end{cases}$

①－②×2より

$$\begin{array}{rr} & 2x+4y=12 \\ -) & 2x+2y=14 \\ \hline & 2y=-2 \end{array}\qquad y=-1$$

$y=-1$を②に代入して，$x=8$

(2) $\begin{cases} 4x-5y=3 & \cdots ① \\ 2y=x+3 & \cdots ② \end{cases}$

②より $x=2y-3$ …③

③を①に代入して，

$4(2y-3)-5y=3$

$3y=15$　$y=5$

$y=5$ を③に代入して，$x=2\times5-3=7$

4 (1) $\begin{cases} 4x+y=10 & \cdots ① \\ 7x+3y=10 & \cdots ② \end{cases}$

①×3−②より，$5x=20$　$x=4$

$x=4$ を①に代入して，$y=-6$

(2) $\begin{cases} x+\dfrac{3}{2}y=9 & \cdots ① \\ \dfrac{1}{3}x+2y=9 & \cdots ② \end{cases}$

①×2　$2x+3y=18$　…①′

②×3　$x+6y=27$　…②′

②′×2−①′より，$9y=36$　$y=4$

$y=4$ を①に代入して，$x=3$

5 (1) $x(x+5)=0$ より，$x=0,\ -5$

(2) $(x-6)^2=0$ より，$x=6$

(3) $(x+3)(x-11)=0$ より，$x=-3,\ 11$

(4) $(x+4)(x-4)=0$ より，$x=-4,\ 4$

6 (1) $x=\pm\sqrt{27}$ より，$x=\pm3\sqrt{3}$

(2) $x-5=\pm\sqrt{2}$ より，$x=5\pm\sqrt{2}$

7 (1) $x^2+2x=1$ より，

$x^2+2x+1^2=1+1^2$　$(x+1)^2=2$

$x+1=\pm\sqrt{2}$　$x=-1\pm\sqrt{2}$

(2) $x^2-6x=-1$ より，

$x^2-6x+3^2=-1+3^2$　$(x-3)^2=8$

$x-3=\pm2\sqrt{2}$　$x=3\pm2\sqrt{2}$

8 (1) 解の公式で，$a=1$，$b=5$，$c=3$

$$x=\frac{-5\pm\sqrt{5^2-4\times1\times3}}{2\times1}=\frac{-5\pm\sqrt{13}}{2}$$

(2) 解の公式で，$a=3$，$b=-4$，$c=-2$

$$x=\frac{-(-4)\pm\sqrt{(-4)^2-4\times3\times(-2)}}{2\times3}$$

$$=\frac{4\pm\sqrt{40}}{6}=\frac{2\pm\sqrt{10}}{3}$$

定着させよう　解答

1 (1) $x=4$　(2) $x=8$

2 (1) $x=-17$　(2) $x=-7$

3 (1) $x=10$　(2) $x=12$

4 (1) $x=7,\ y=3$　(2) $x=-2,\ y=2$

(3) $x=2,\ y=3$　(4) $x=1,\ y=2$

5 $a=3,\ b=1$

6 (1) $x=-1,\ 5$　(2) $x=-8,\ 3$

(3) $x=1\pm\sqrt{3}$　(4) $x=3\pm\sqrt{5}$

(5) $x=\dfrac{5\pm\sqrt{13}}{6}$　(6) $x=\dfrac{3\pm\sqrt{29}}{10}$

7 (1) $x=\dfrac{5\pm\sqrt{13}}{2}$　(2) $x=-2,\ 3$

8 $x=6$

解説

1 (1) $5x-6=2x+6$ より，$x=4$

(2) $7x-7=5x+9$ より，$x=8$

2 (1) 両辺に6をかけて，

$2(x-4)+3(7-x)=5\times6$

$2x-8+21-3x=30$　$x=-17$

(2) 両辺に15をかけて，

$3(3x-9)+7\times15=5(x+10)$

$9x-27+105=5x+50$

$4x=-28$　$x=-7$

3 (1) $5(x-4)=3x$ より，$x=10$

(2) $15\times2=3(x-2)$ より，

両辺を3で割って，$10=x-2$　$x=12$

4 (1) $\begin{cases} y=x-4 & \cdots ① \\ 2x-3y=5 & \cdots ② \end{cases}$

①を②に代入して，

$2x-3(x-4)=5$　$x=7$

$x=7$ を①に代入して，$y=3$

(2) $\begin{cases} x+3y=4 & \cdots ① \\ 2x+5y=6 & \cdots ② \end{cases}$

①×2−②より，$y=2$

$y=2$ を①に代入して，$x=-2$

(3) $\begin{cases} 7x-4y=2 & \cdots ① \\ 5x-2y=4 & \cdots ② \end{cases}$

②×2−①より，$3x=6$　$x=2$

$x=2$ を①に代入して，$y=3$

(4) $\begin{cases} 5x-3y=-1 & \cdots① \\ x+6y=13 & \cdots② \end{cases}$

①×2+②より，$11x=11$　$x=1$

$x=1$を②に代入して，$y=2$

5 $\begin{cases} 2ax+by=-4 & \cdots① \\ ax-by=-5 & \cdots② \end{cases}$

$x=-1$，$y=2$を①，②に代入して，

$\begin{cases} -2a+2b=-4 & \cdots①' \\ -a-2b=-5 & \cdots②' \end{cases}$

①′+②′より，$-3a=-9$　$a=3$

$a=3$を①′に代入して，$b=1$

6 (1) $(x+1)(x-5)=0$より，$x=-1$，5

(2) $(x+8)(x-3)=0$より，$x=-8$，3

(3) $x-1=\pm\sqrt{3}$より，$x=1\pm\sqrt{3}$

(4) $x-3=\pm\sqrt{5}$より　$x=3\pm\sqrt{5}$

(5) $x=\dfrac{-(-5)\pm\sqrt{(-5)^2-4\times3\times1}}{2\times3}$

$=\dfrac{5\pm\sqrt{13}}{6}$

(6) $x=\dfrac{-(-3)\pm\sqrt{(-3)^2-4\times5\times(-1)}}{2\times5}$

$=\dfrac{3\pm\sqrt{29}}{10}$

7 (1) 左辺を整理して，$x^2-5x+3=0$

$x=\dfrac{-(-5)\pm\sqrt{(-5)^2-4\times1\times3}}{2\times1}$

$=\dfrac{5\pm\sqrt{13}}{2}$

(2) 左辺を整理して，$x^2-x-6=0$

$(x+2)(x-3)=0$　$x=-2$，3

8 $x^2+ax-12=0$　$\cdots①$

$x=-2$を①に代入して，$4-2a-12=0$

$a=-4$

$a=-4$を①に代入して，$x^2-4x-12=0$

$(x+2)(x-6)=0$　$x=-2$，6

よって，もう1つの解は，$x=6$

4日目 方程式の利用

整理しよう　解答

❶ (1) 37人　(2) 250g

❷ 約45000粒

❸ 大人…500円　子ども…200円

❹ $\dfrac{3}{2}$km

❺ (1) 2秒後　(2) 3秒後

❻ (1) -4，12　(2) 4cm，6cm

解説

❶ (1) 子どもの人数をxとする。鉛筆の本数は，5本ずつ配ると20本足りないので，$(5x-20)$本，また，4本ずつ配ると17本余ったので，$(4x+17)$本と表せる。

よって，$5x-20=4x+17$　$x=37$

(2) 9％の食塩水の重さをxgとすると，

$500\times\dfrac{3}{100}+x\times\dfrac{9}{100}=(500+x)\times\dfrac{5}{100}$

$x=250$

❷ $180:4=x:1000$　$x=45000$

❸ 大人1人の入園料をx円，子ども1人の入園料をy円とすると，

$2x+3y=1600$　$\cdots①$

$5x+6y=3700$　$\cdots②$

②−①×2より，$x=500$

$x=500$を①に代入して，$y=200$

❹ 自宅から郵便局までを$x$km，郵便局から学校までを$y$kmとすると，

$x+y=2\cdots①$

自宅から郵便局まで$\dfrac{x}{3}$時間，郵便局から学校まで$\dfrac{y}{5}$時間，合わせて$\dfrac{36}{60}$時間かかったので，$\dfrac{x}{3}+\dfrac{y}{5}=\dfrac{36}{60}$　$\cdots②$

②×5−①より，$x=\dfrac{3}{2}$

❺ (1) x秒後に高さ15mになるとすると，

$15+10x-5x^2=15$

$-5x^2+10x=0$

$x(x-2)=0\quad x=0,\ 2$

0秒後は，投げ上げた瞬間だから，戻ってくるのは投げてから2秒後。

(2) x秒後に高さ0mになるとすると，

$15+10x-5x^2=0$

$(x+1)(x-3)=0\quad x=-1,\ 3$

$x>0$より，$x=3$

6 (1) 和が8だから，2つの数はx，$8-x$と表せる。この2つの数の積が-48だから，

$x(8-x)=-48$より，

$8x-x^2=-48$

$x^2-8x-48=0$

$(x+4)(x-12)=0$

よって，$x=-4,\ 12$

(2) 縦＋横の長さは，10cmであるから，長方形の2辺の長さは$x$cm，$(10-x)$cm，面積は$x(10-x)$ cm^{2}である。

辺の長さを2cmずつ長くした長方形の面積がもとの長方形の面積の2倍であるから，

$(x+2)(10-x+2)=2x(10-x)$

$-x^2+10x+24=20x-2x^2$

$x^2-10x+24=0$

$(x-4)(x-6)=0$

よって，$x=4,\ 6$

定着させよう　解答

1 405

2 式…$0.7x-150=\frac{2}{3}x$

靴の定価…4500円

3 (1) $\frac{1}{4}x$人

(2) $\begin{cases}\frac{1}{4}x=\frac{1}{2}y-2\\30x+100y=10000\end{cases}$

(3) 鉛筆…120本　ノート…64冊

4 45mL

5 (1) $x-8$(cm)

(2) $4(x-8)^2=180$

$(x-8)^2=45$

$x-8=\pm3\sqrt{5}\quad x=8\pm3\sqrt{5}$

$x>8$より，画用紙の1辺の長さは

$(8+3\sqrt{5})$ cm

6 (1) 110個

(2) $100\times\left(1+\frac{x}{10}\right)\times\left(1+\frac{2x}{10}\right)=208$

$(10+x)(10+2x)=208$

$2x^2+30x+100-208=0$

$x^2+15x-54=0$

$(x+18)(x-3)=0$

$x=-18,\ 3\quad x>0$より，$x=3$

解説

1 連続する5つの自然数のうちの最大の自然数をxすると，

$x+(x-1)+(x-2)+(x-3)+(x-4)$
$=2015$

$x=405$

2 靴の定価をx円とすると，3割引きの値段は，$(1-0.3)x=0.7x$(円)，さらに150円値引きした値段は，$(0.7x-150)$円である。

これが$\frac{2}{3}x$(円)に等しいので，

$0.7x-150=\frac{2}{3}x\quad x=4500$

3 (1) 参加人数をn人とすると，x本の鉛筆を4本ずつ配ることができたので，

$4n=x\quad n=\frac{1}{4}x$

(2) y冊のノートをn人に2冊ずつ配ると4冊余ったので，

$2n+4=y\quad n=\frac{1}{2}y-2$

(1)より，$\frac{1}{4}x=\frac{1}{2}y-2$　…①

1本30円の鉛筆x本と，1冊100円のノートy冊で10000円だから，

$30x+100y=10000$　…②

(3) ①の両辺に4をかけて，

$x=2y-8$　…①′

②に代入して，

$30\times(2y-8)+100y=10000$　$y=64$

①′に代入して　$x=2\times64-8=120$

4 追加する酢の量をxmLとすると，

$200:(80+x)=8:5$　$x=45$

5 (1) $x$cmよりも$(4+4)$cm短くなるので，$(x-8)$cmである。

(2) 底面が1辺$(x-8)$cmの正方形で，高さが4cmの直方体の体積が180cm^3となるので，

$(x-8)\times(x-8)\times4=180$

$x=8\pm3\sqrt{5}$

$x>8$より，$x=8+3\sqrt{5}$

6 (1) 1年目の出荷数を1とすると，2年目は1割，すなわち$\frac{1}{10}$増え，$1+\frac{1}{10}$となるから，$100\times\left(1+\frac{1}{10}\right)=110$(個)

(2) 1年目の出荷数を1とすると，2年目はx割，すなわち$\frac{x}{10}$増え，$1+\frac{x}{10}$となる。

2年目の出荷数を1とすると，3年目は$2x$割，すなわち$\frac{2x}{10}$増え，$1+\frac{2x}{10}$となる。

よって，3年目の出荷数は，

$100\times\left(1+\frac{x}{10}\right)\times\left(1+\frac{2x}{10}\right)$(個)

これが208個だから，

$100\times\left(1+\frac{x}{10}\right)\times\left(1+\frac{2x}{10}\right)=208$

$x=-18,\ 3$　$x>0$より，$x=3$

5日目 比例・反比例と1次関数

整理しよう　解答

❶ (1) $y=-\frac{4}{3}x$　(2) $y=-\frac{12}{x}$

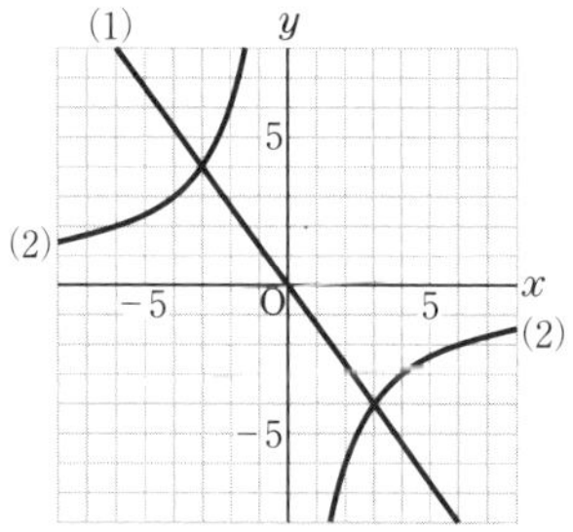

❷ $2\leqq y\leqq8$　❸ $y=-2x$

❹ ②，④

❺ (1) $y=3x-6$　(2) $y=-2x-2$

(3) $x=5$

❻ yの増加量…-6　変化の割合…-2

❼ (1) A 分速$\frac{4}{3}$km，B 分速$\frac{2}{3}$km

(2) A $y=-\frac{4}{3}x+20$，B $y=\frac{2}{3}x-2$

(3) 時間…11分後　道のり…$\frac{16}{3}$km

解説

❶ (1) $y=ax$に$x=6$，$y=-8$を代入して

$-8=a\times6$　$a=-\frac{4}{3}$

(2) $y=\frac{a}{x}$に$x=2$，$y=-6$を代入して

$-6=\frac{a}{2}$　$a=-12$

❷ $y=\frac{8}{x}$のグラフは右の図のようになる。$1\leqq x\leqq4$の範囲のグラフは，太い線の部分なので，yの変域は$2\leqq y\leqq8$である。

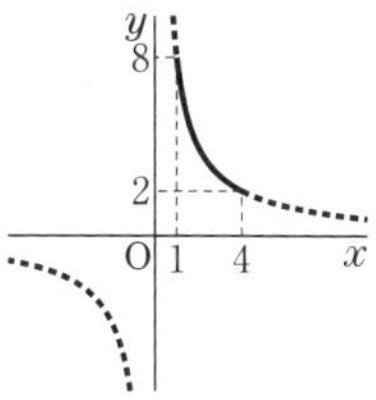

❸ xとyの変域は，右の図の色をつけた部分である。
点(1, -2)を通るから，
$y=ax$に$x=1$, $y=-2$
を代入して，$a=-2$

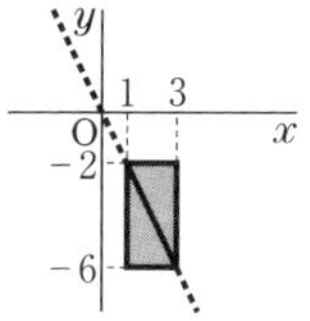

❹ ③ $y=\dfrac{40}{x}$となる。$y=ax+b$という形でないので，1次関数ではない。

❺ (1) 傾きが3なので，$y=3x+b$
点(2, 0)を通るので，
$0=3\times2+b \quad b=-6$

(2) 切片が-2なので，$y=ax-2$
点(-3, 4)を通るので，
$4=a\times(-3)-2 \quad a=-2$

(3) y軸に平行な直線の式は，xが一定である。(5, -2)を通るので，$x=5$

❻ $x=-1$のとき$y=-2\times(-1)+3=5$
$x=2$のとき$y=-2\times2+3=-1$より，
yの増加量は，$-1-5=-6$
変化の割合$=\dfrac{y\text{の増加量}}{x\text{の増加量}}=\dfrac{-1-5}{2-(-1)}=-2$

❼ (1) 列車Aは15分で20km進むので，
$\dfrac{20}{15}=\dfrac{4}{3}$　よって，分速$\dfrac{4}{3}$kmである。
列車Bは(33−3)分で20km進むので，
$\dfrac{20}{33-3}=\dfrac{2}{3}$　よって，分速$\dfrac{2}{3}$kmである。

(2) 列車Aの走行を表す直線は，
傾きが$-\dfrac{4}{3}$，切片が20より，
$y=-\dfrac{4}{3}x+20$　…①
列車Bの走行を表す直線は，傾きが$\dfrac{2}{3}$
だから，$y=\dfrac{2}{3}x+b$と表せる。
これが点(3, 0)を通るので，
$0=\dfrac{2}{3}\times3+b \quad b=-2$
よって，$y=\dfrac{2}{3}x-2$　…②

(3) ①，②の連立方程式を解くと，
$-\dfrac{4}{3}x+20=\dfrac{2}{3}x-2 \quad x=11$
これを②に代入して，
$y=\dfrac{2}{3}\times11-2=\dfrac{16}{3}$

定着させよう　解答

1 (1) -8　(2) -30

2 (1) $y=\dfrac{x}{30}$

(2)

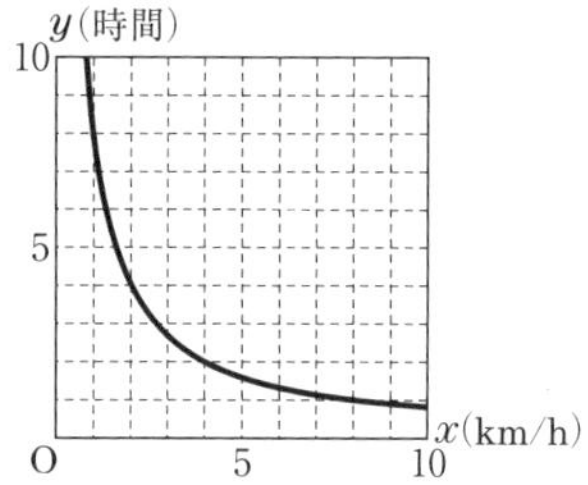

3 $a+b$の値…負の数，
説明…$x=1$のとき，
$y=a\times1+b=a+b$
$x=1$のときのグラフのyの値が負なので，$a+b$の値は負の数になる。

4 (1) $a=18$, $p=-2$　(2) $\dfrac{18}{5}\leqq y\leqq18$

5 (1) 8　(2) $y=3x-4$　(3) $a+3$
(4) $\dfrac{21}{5}$

解説

1 (1) $y=ax$に$x=1$, $y=4$を代入して，$a=4$
$y=4x$に$x=-2$を代入して，$y=-8$
(2) yがxに反比例するとき，xyが一定で，これが比例定数である。$x=-5$のとき$y=6$より，比例定数は，$-5\times6=-30$

2 (2) 道のり(＝速さ×時間)が一定であるから，速さと時間は反比例する。
分速80mは，時速$\dfrac{80\times60}{1000}=\dfrac{24}{5}$(km)
1時間40分は，$\dfrac{60+40}{60}=\dfrac{5}{3}$(時間)
道のりを求めると，$\dfrac{24}{5}\times\dfrac{5}{3}=8$(km)

よって，$xy=8$　$y=\frac{8}{x}$

4 (1) 点Aは$y=2x$上にあるので，A(3, 6)

$y=\frac{a}{x}$が点Aを通るから，$a=18$

よって，関数㋐の式は，$y=\frac{18}{x}$となり，

$x=-9$を代入すると，$p=\frac{18}{-9}=-2$

(2) $y=\frac{18}{x}$の$1≦x≦5$の範囲のグラフは，右の図の太い線の部分なので，yの変域は$\frac{18}{5}≦y≦18$である。

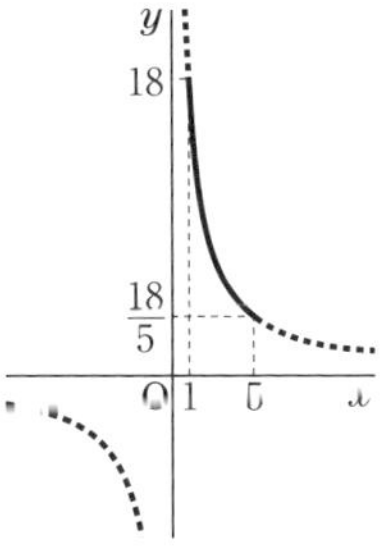

5 (1) bは，CGの長さがちょうど4 cmのときの右の図の白い部分の面積なので，

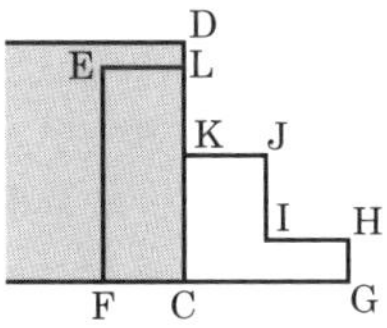

KC×KJ＋HG×IH＝3×2＋1×2
＝8(cm^2)

(2) (2, 2), (4, 8)を通る直線の式を求める。

傾きが$\frac{8-2}{4-2}=3$だから，切片をmとして

$y=3x+m$とおける。これが(2, 2)を通るので，

$2=3×2+m$　$m=-4$

(3) xが4から6に2増えると面積yは，

EF×EL＝$(a+3)×2$

だけ増える。よって，グラフの傾きは，

$\frac{y\text{の増加量}}{x\text{の増加量}}=\frac{(a+3)×2}{2}=a+3$

(4) $a=2$のとき，$4≦x≦6$でのグラフの傾きは，(3)より$2+3=5$である。

よって，$4≦x≦6$のときの直線の式は，切片をnとして$y=5x+n$とおける。これが(4, 8)を通るので，$n=-12$

よって，$y=5x-12$

$y=9$を代入すると，$x=\frac{21}{5}$

6日目　関数$y=ax^2$

整理しよう　解答

❶ (1) $y=3x^2$　(2) $y=-5x^2$

❷ ① $y=x^2$　② $y=\frac{1}{2}x^2$

③ $y=-\frac{1}{2}x^2$　④ $y=-\frac{1}{4}x^2$

❸ ㋑

❹ (1) $18≦y≦50$　(2) $0≦y≦18$

❺ (1) $-3≦y≦-\frac{1}{3}$　(2) $-\frac{4}{3}≦y≦0$

❻ (1) 16　(2) −24

❼ (1) −5　(2) 6

❽ 秒速24 m

❾ 550円

解説

❶ (1) $y=ax^2$とおいて，$x=3$，$y=27$を代入すると，$27=a×3^2$　$27=9a$　$a=3$

(2) $y=ax^2$とおいて，$x=-4$，$y=-80$を代入すると，$-80=a×(-4)^2$

$-80=16a$　$a=-5$

❷ ①と②のグラフは上に開いた放物線なので，比例定数は正，③と④のグラフは下に開いた放物線なので，比例定数は負である。

比例定数の絶対値が大きいほどグラフの開きは小さい。

❸ ㋐のグラフは上に開いた放物線で，$x<0$の範囲では，xの値が増加するとyの値は減少する。㋒のグラフは右下がりの直線なので，xの値がどの範囲でも，xの値が増加するとyの値は減少する。

❹ (1) グラフは右の図のようになり，$x=3$のとき，$y=2×3^2=18$

$x=5$のとき，

$y=2×5^2=50$

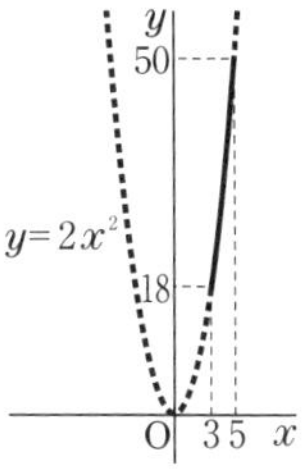

(2) xの変域が$x=0$をまたいでいるので，yの最小値は，$x=0$のときで，$y=0$

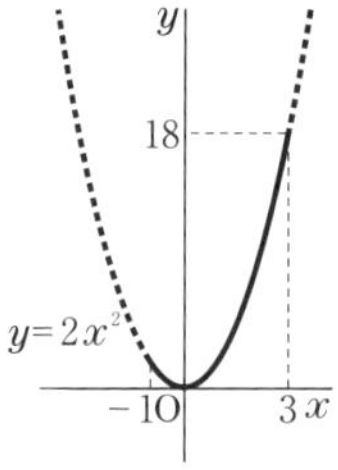

また，$x=-1$のとき，
$y=2\times(-1)^2=2$
$x=3$のとき，
$y=2\times3^2=18$でyの最大値は18

❺ (1) グラフは右の図のようになり，
$x=-3$のとき，

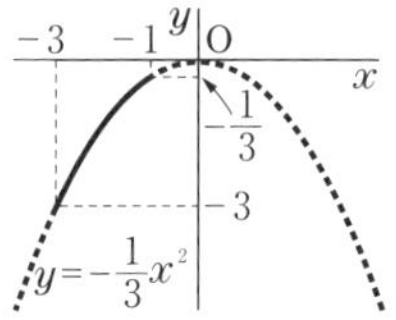

$y=-\frac{1}{3}\times(-3)^2$
$=-3$
$x=-1$のとき，$y=-\frac{1}{3}\times(-1)^2=-\frac{1}{3}$

(2) グラフは右の図のようになり，$x=2$のときのほうが$x=-1$のときよりもyの値が小さくなる。よって，yの最小値は，

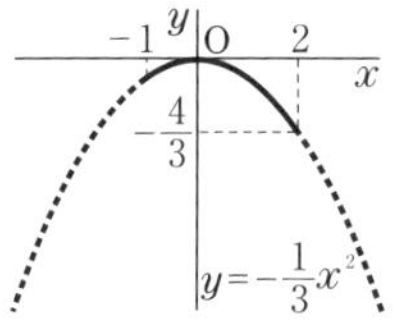

$-\frac{1}{3}\times2^2=-\frac{4}{3}$　また，yの最大値は0

❻ (1) $x=1$のとき，$y=4\times1^2=4$
$x=3$のとき，$y=4\times3^2=36$
変化の割合は，$\frac{36-4}{3-1}=\frac{32}{2}=16$

(2) $x=-4$のとき，$y=4\times(-4)^2=64$
$x=-2$のとき，$y=4\times(-2)^2=16$
変化の割合は，$\frac{16-64}{-2-(-4)}=-\frac{48}{2}$
$=-24$

❼ (1) $x=4$のとき，$y=-\frac{1}{2}\times4^2=-8$
$x=6$のとき，$y=-\frac{1}{2}\times6^2=-18$
変化の割合は，$\frac{-18-(-8)}{6-4}=-\frac{10}{2}$
$=-5$

(2) $x=-8$のとき，$y=-\frac{1}{2}\times(-8)^2=-32$
$x=-4$のとき，$y=-\frac{1}{2}\times(-4)^2=-8$
変化の割合は，$\frac{-8-(-32)}{-4-(-8)}=\frac{24}{4}=6$

❽ 3秒後，5秒後までに転がった距離は，それぞれ，$3\times3^2=27$(m)，$3\times5^2=75$(m)だから，この間の平均の速さは，
$(75-27)\div(5-3)=24$より，秒速24 m。

❾ 2時間20分は2時間より長く，2時間30分(2.5時間)以下だから，グラフより，駐車料金は550円とわかる。

定着させよう　解答

1 (1) 16　(2) 12

2 (1) $-9\leqq y\leqq-1$　(2) $0\leqq y\leqq4$　(3) $\frac{2}{3}$

3 (1) 3　(2) -3

4 (1) いえる　理由…xの値が決まればyの値がただ1つに決まるから。
(2) A社が10円安い

5 (1) $\frac{9}{2}$　(2) $y=2x+\frac{5}{2}$

6 (1) $-4\leqq y\leqq0$　(2) $\frac{1+\sqrt{5}}{2}$

解説

1 (1) $y=ax^2$に，$x=-6$，$y=9$を代入すると，
$9=a\times(-6)^2$　$a=\frac{1}{4}$
$y=\frac{1}{4}x^2$に$x=8$を代入して，
$y=\frac{1}{4}\times8^2=16$

(2) $y=ax^2$とおくと，$x=1$のとき$y=3$だから，$3=a\times1^2$　$a=3$
$y=3x^2$に$x=2$を代入して，
$y=3\times2^2=12$

2 (1) グラフは右の図のようになり，$x=1$のとき，$y=-1^2=-1$
$x=3$のとき，
$y=-3^2=-9$

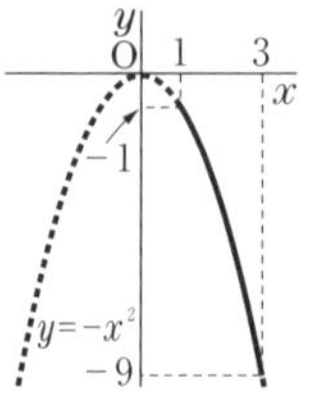

(2) グラフは右の図のようになり，
$x=4$ のとき，
$y=\frac{1}{4}\times4^2=4$ で，
y の最大値は 4，y の最小値は 0

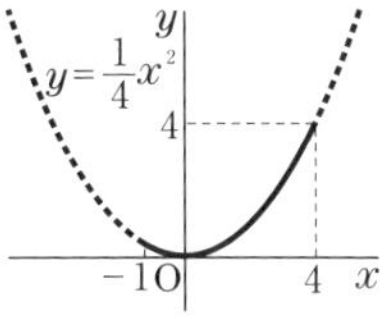

(3) y の変域が 0 以上なので，$a>0$ で，グラフは上に開いた放物線となり，$x=-3$ のときのほうが $x=2$ のときよりも y の値が大きいとわかる。

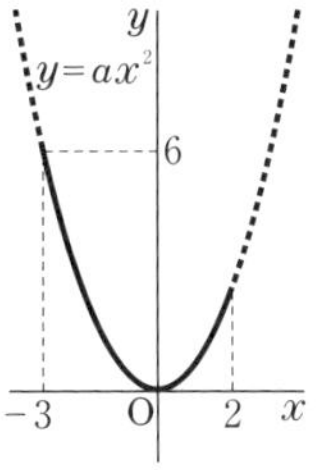

$y=ax^2$ のグラフが点 $(-3,\ 6)$ を通るので，

$6=a\times(-3)^2\quad a=\frac{2}{3}$

3 (1) $x=-1$ のとき，$y=(-1)^2=1$
$x=4$ のとき，$y=4^2=16$
変化の割合は，$\frac{16-1}{4-(-1)}=\frac{15}{5}=3$

(2) $x=1$ のとき，$y=a\times1^2=a$
$x=4$ のとき，$y=a\times4^2=16a$
変化の割合は，$\frac{16a-a}{4-1}=\frac{15a}{3}=5a$
$5a=-15$ より，$a=-3$

4 (2) グラフより，A社の料金は1300円である。また，B社の料金は，
$500+270\times3=1310$(円)となる。

5 (1) Aは $y=\frac{1}{2}x^2$ のグラフ上にあり，x 座標は 3 だから，$y=\frac{1}{2}\times3^2=\frac{9}{2}$

(2) Bも $y=\frac{1}{2}x^2$ のグラフ上にあり，x 座標は -1 だから，$y=\frac{1}{2}\times(-1)^2=\frac{1}{2}$
$y=2x+b$ とおいて，Bの座標を代入すると，$\frac{1}{2}=2\times(-1)+b$ より，$b=\frac{5}{2}$

6 (1) 右の図より，x の変域が $-2\leqq x\leqq1$ のとき，y の最小値は，
$y=-(-2)^2=-4$，
y の最大値は 0 だから，y の変域は
$-4\leqq y\leqq0$

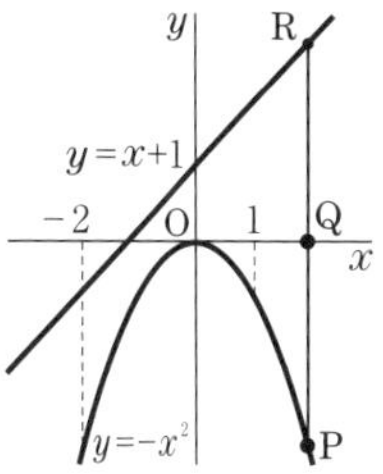

(2) 点Pの x 座標を a とすると y 座標は $-a^2$ より，$\mathrm{PQ}=0-(-a^2)=a^2$ と表せる。
また，点Rも x 座標が a だから，y 座標は $a+1$ となり，
$\mathrm{QR}=(a+1)-0=a+1$ と表せる。
PQ=QRより，$a^2=a+1$
$a^2-a-1=0$ より，
$a=\frac{-(-1)\pm\sqrt{(-1)^2-4\times1\times(-1)}}{2\times1}$
$=\frac{1\pm\sqrt{5}}{2}$

$a>0$ より，$a=\frac{1+\sqrt{5}}{2}$

7日目 図形①

整理しよう　解答

❶ (1) ㋓　(2) ㋖　(3) ㋐，㋔

❷ (1)

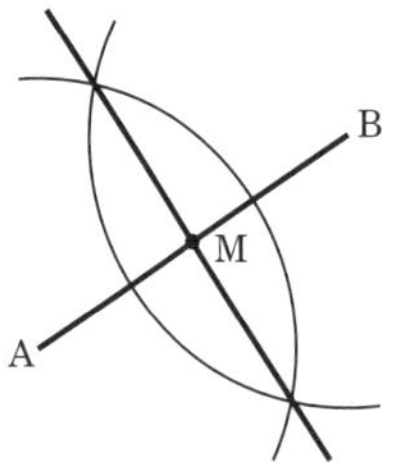

(2)

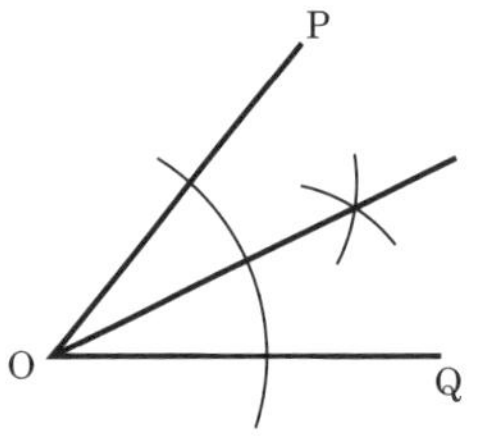

❸ (1) 弧の長さ…4π cm　面積…24π cm^2

(2) 弧の長さ…6π cm　面積…24π cm^2

❹ (1) 辺AE，辺BF，辺EH，辺FG

(2) 円錐

❺ (1) 表面積…150π cm^2

体積…250π cm^3

(2) 表面積…24π cm^2

体積…12π cm^3

(3) 表面積…144π cm^2

体積…288π cm^3

解説

❶ (3) 直線OPを対称の軸として移動させると，㋐と重なり，直線OQを対称の軸として移動させると，㋔と重なる。

❷ (1) ① 点A，Bをそれぞれ中心とする等しい半径の円をかく。

② ①でかいた２つの円の交点を通る直線を引く。

(2) ① 点Oを中心とする円をかく。

② ①でかいた円と辺OP，辺OQの交点をそれぞれ中心とする等しい半径の円をかく。

③ ②でかいた２つの円の交点と点Oを通る直線を引く。

❸ (1) 弧の長さは，$2\times\pi\times12\times\dfrac{60}{360}=4\pi$(cm)

面積は，$\pi\times12^2\times\dfrac{60}{360}=24\pi$(cm^2)

(2) 弧の長さは，$2\times\pi\times8\times\dfrac{135}{360}=6\pi$(cm)

面積は，$\pi\times8^2\times\dfrac{135}{360}=24\pi$(cm^2)

❹ (1) 辺AB，辺EF，辺HGは辺CDと平行であり，辺AD，辺BC，辺CG，辺DHは辺CDと交わっている。それ以外の辺が辺CDとねじれの位置にある。

❺ (1) 底面積は，$\pi\times5^2=25\pi$(cm^2)

側面積は，$10\times(2\times\pi\times5)=100\pi$(cm^2)

よって，表面積は，

$25\pi\times2+100\pi=150\pi$(cm^2)

体積は，$25\pi\times10=250\pi$(cm^3)

(2) この円錐の底面積は，$\pi\times3^2=9\pi$(cm^2)で，展開図は右の図のようになる。中心角を$x°$とすると，

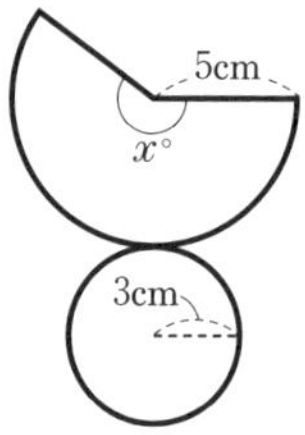

$2\times\pi\times5\times\dfrac{x}{360}$

$=2\times\pi\times3$ より，$x=216$

よって，側面積は，

$\pi\times5^2\times\dfrac{216}{360}=15\pi$(cm^2)

表面積は，$9\pi+15\pi=24\pi$(cm^2)

体積は，$\dfrac{1}{3}\times\pi\times3^2\times4=12\pi$(cm^3)

(3) 表面積は，$4\times\pi\times6^2=144\pi$(cm^2)

体積は，$\dfrac{4}{3}\times\pi\times6^3=288\pi$(cm^3)

定着させよう　解答

1

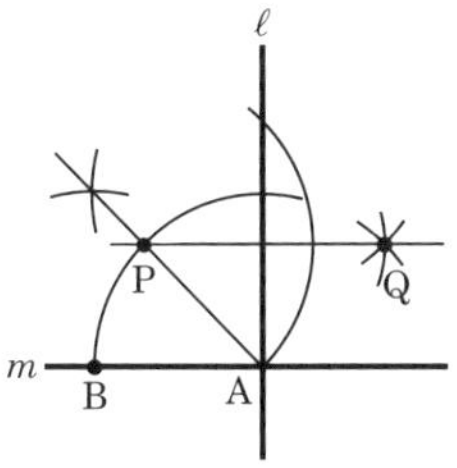

2 (1)

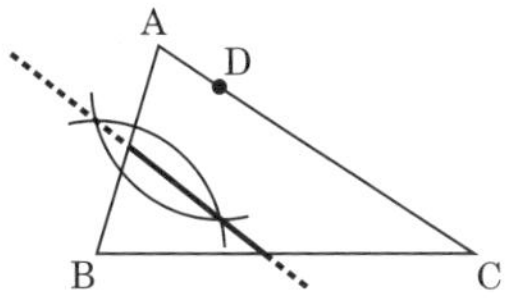

(2)

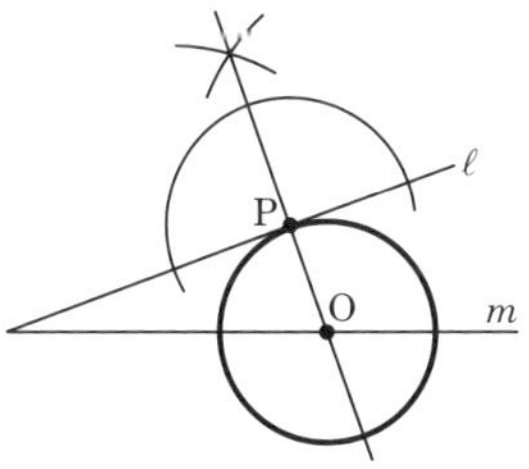

(3)

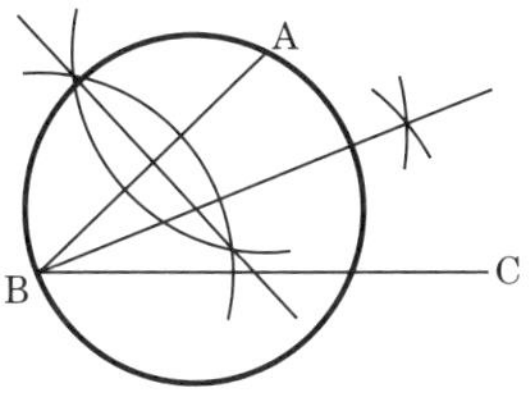

3 (1) 54°　(2) **ウ，オ**

4 (1) $\frac{27}{4}$　(2) $9\pi\text{cm}^3$　(3) 27cm^2

解説

1 $\ell \perp m$なので，ℓとmのつくる角の二等分線上にAB＝APとなるような点Pをとる。点Qは点Pを通る直線ℓの垂線を引き，その垂線と直線ℓの交点を中心として点Pを通る円をかき，円と垂線との交点をQとすればよい。

2 (1) 折り目の線分は線分BDの垂直二等分線と△ABCの重なる部分となる。

(2) 円の接線は接点を通る半径と垂直だから，$\text{OP} \perp \ell$となる。よって，点Pを通る直線ℓの垂線を引き，mとの交点を中心Oとして点Pを通る円をかく。

(3) 2点A，Bを通る円の中心は2点A，Bから等距離にあるから，その中心は線分ABの垂直二等分線上にある。よって，∠ABCの二等分線と線分ABの垂直二等分線を引き，その交点を中心として2点A，Bを通る円をかく。

3 (1) $2\times\pi\times4\times\frac{x}{360}=\frac{6}{5}\pi$より，$x=54$

(2) 辺ABと交わらず，平行でもない辺が辺ABとねじれの位置にある。

4 (1) **ア**の立体は底面が半径4cmの円で，高さが$h$cmの円錐で，その体積は，

$\frac{1}{3}\times\pi\times4^2\times h=\frac{16}{3}\pi h(\text{cm}^3)$と表せる。

また，**イ**の立体は半径3cmの球だから，

その体積は，$\frac{4}{3}\times\pi\times3^3=36\pi(\text{cm}^3)$と

なる。よって，$\frac{16}{3}\pi h=36\pi$より，$h=\frac{27}{4}$

(2) できる立体は，半径3cmの球の半分から，底面の半径が3cm，高さが3cmの円錐を取り除いた立体となる。

$\frac{4}{3}\times\pi\times3^3\times\frac{1}{2}-\frac{1}{3}\times\pi\times3^2\times3$

$=18\pi-9\pi=9\pi(\text{cm}^3)$

(3) 分けられた立体はどちらも切り口である△BDEの面をもっているので，表面積の差は，△BDE以外の面の面積の合計の差に等しくなる。

$\triangle\text{ABD}=\frac{1}{2}\times3\times3=\frac{9}{2}$

よって，求める面積の差は，

$\left(3\times3\times6-\frac{9}{2}\times3\right)-\frac{9}{2}\times3$

$=54-\frac{27}{2}-\frac{27}{2}$

$=27(\text{cm}^2)$

8日目 図形②

整理しよう　解答

❶ (1) $\angle x=60^\circ$，$\angle y=50^\circ$
(2) $\angle x=75^\circ$，$\angle y=20^\circ$

❷ ㋑と㋓　合同条件…1組の辺とその両端の角がそれぞれ等しい

❸ (1) 仮定…$x=y$　結論…$x-a=y-a$
(2) 仮定…$\triangle ABC\equiv\triangle PQR$
結論…$BC=QR$

❹ (1) 36°　(2) 35°

❺ ア，ウ

❻ $\triangle ACE$，$\triangle ACF$，$\triangle BCF$

❼ (1) $\angle x=32^\circ$，$\angle y=64^\circ$
(2) $\angle x=25^\circ$，$\angle y=40^\circ$
(3) $\angle x=60^\circ$

解説

❶ (1) 対頂角は等しいので，$\angle x=60^\circ$
また，平行線の錯角は等しいので，
$\angle x+\angle y=110^\circ$
よって，$\angle y=110^\circ-60^\circ=50^\circ$

(2) 五角形ABCDEの外角の和は360°だから，$\angle x=360^\circ-(100^\circ+60^\circ+75^\circ+50^\circ)=75^\circ$
また，$\triangle ADE$で

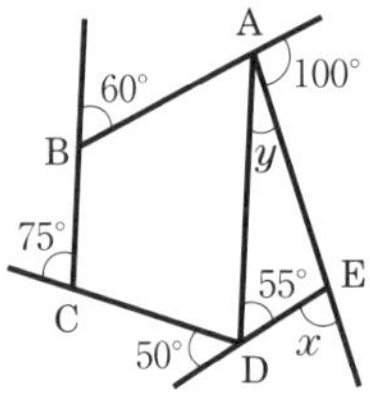

内角と外角の関係より，$55^\circ+\angle y=\angle x$
だから，$\angle y=75^\circ-55^\circ=20^\circ$

❷ ㋐は3cmと4cmの間の角が65°だが，㋒は3cmと4cmの間の角が65°でないから，㋐と㋒は合同ではない。また，㋔は4cmの辺の両端の角が55°と65°ではないから，㋑や㋓と合同ではない。

❹ (1) 五角形の内角の和は，
$180^\circ\times(5-2)=540^\circ$だから，正五角形の1つの内角の大きさは，
$540^\circ\div5=108^\circ$
$\triangle ABE$は$AB=AE$の二等辺三角形なので，$\angle x=(180^\circ-108^\circ)\div2=36^\circ$

(2) $\angle ACB$の外角が70°だから，
$\angle x+\angle BAC=70^\circ$
$\triangle ABC$は$CB=CA$の二等辺三角形だから，$\angle BAC=\angle x$
よって，$\angle x+\angle x=70^\circ$より，
$\angle x=70^\circ\div2=35^\circ$

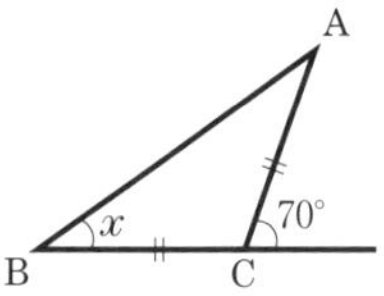

❺ イは2組の対角がそれぞれ等しいかどうかはわからないので，いつでも平行四辺形になるとはいえない。
エは右の図のような台形の場合があるので，いつでも平行四辺形になるとはいえない。

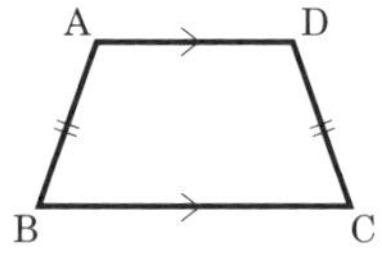

❻ $AE/\!/BC$より，$\triangle ABE=\triangle ACE$
$EF/\!/AC$より，$\triangle ACE=\triangle ACF$
$AB/\!/FC$より，$\triangle ACF=\triangle BCF$

❼ (1) 1つの弧に対する円周角は一定だから，
$\angle x=32^\circ$
また，1つの弧に対する中心角は円周角の2倍になるから，$\angle y=32^\circ\times2=64^\circ$

(2) 右の図で，等しい弧に対する円周角は等しいから，
$\angle x=25^\circ$
ABは直径だから，
$\angle ACB=90^\circ$
$\angle ABC=25^\circ\times2=50^\circ$だから，
$\angle BAC=180^\circ-(90^\circ+50^\circ)=40^\circ$
よって，$\angle y=\angle BAC=40^\circ$

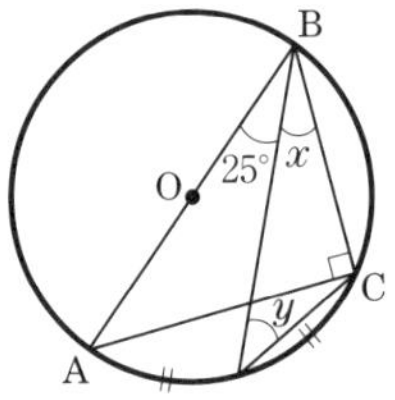

(3) 右の図で，点C，Dは直線ABについて同じ側にあり，
$\angle ACB=\angle ADB=30^\circ$だから，4点A，B，C，Dは同じ円周上にある。よって，弧BCに対する円周角より，$\angle x=\angle BDC=60^\circ$

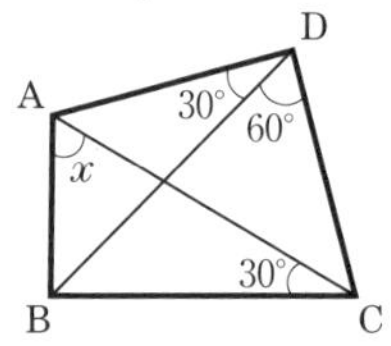

定着させよう　解答

1 (1) 57°　(2) 21°　(3) 41°
(4) $60° - a°$

2 (1) 61°
(2) △AEGと△BFEで，
仮定より，EG＝FE　……①
四角形ABCDは正方形だから，
∠EAG＝∠FBE＝90°　……②
∠AEG＝180°－∠GEF－∠BEF
＝180°－90°－∠BEF
＝90°－∠BEF　……③
∠BFE＝180°－∠EBF－∠BEF
＝180°－90°－∠BEF
＝90°－∠BEF　……④
③，④より，
∠AEG＝∠BFE　……⑤
①，②，⑤より，直角三角形の斜辺と1つの鋭角がそれぞれ等しいので，△AEG≡△BFE

3 △GBFと△HEAで，仮定より，
∠GBF＝∠HEA＝90°　……①
四角形ABCDは平行四辺形だから，
BC＝AD　……②
仮定より，BF＝$\frac{1}{2}$BC　……③，
EA＝$\frac{1}{2}$AD　……④
②，③，④より，BF＝EA　……⑤
AD∥BCより，錯角が等しいから，
∠GFB＝∠HAE　……⑥
①，⑤，⑥より，1組の辺とその両端の角がそれぞれ等しいから，
△GBF≡△HEA
よって，GF＝HA

4 (1) 130°
(2) △ACDと△BCEで，
∠ACD＝∠BCE　……①
$\overset{\frown}{DE}$に対する円周角より，
∠CAD＝∠CBE　……②
BD＝AEより，$\overset{\frown}{BD}$＝$\overset{\frown}{AE}$だから，
∠BAD＝∠ABE　……③
また，
∠BAC
＝∠CAD＋∠BAD　……④
∠ABC
＝∠CBE＋∠ABE　……⑤
②，③，④，⑤より，
∠BAC＝∠ABC
よって，△CABは二等辺三角形だから，AC＝BC　……⑥
①，②，⑥より，1組の辺とその両端の角がそれぞれ等しいから，
△ACD≡△BCE

解説

1 (1) ∠ACB＝$\frac{1}{2}$∠AOB＝$\frac{1}{2}$×38°＝19°
錯角が等しいから，
∠CBO＝∠AOB＝38°
△DBCで，内角と外角の関係より，
∠ODC＝∠CBO＋∠ACB
＝38°＋19°＝57°
(2) 四角形ABCDはひし形だから，
AD＝DC　……①
∠ADC＝∠ABC＝48°　……②
また，四角形AEFDは正方形だから，
AD＝DF　……③
∠ADF＝90°　……④
①，③より，DC＝DFだから，△DCFは二等辺三角形であり，②，④より，
∠CDF＝90°－48°＝42°だから，
∠DFC＝(180°－42°)÷2＝69°となる。
よって，∠CFE＝90°－69°＝21°
(3) 右の図で，
AB∥DCより，
∠ACD＝∠BAC
＝34°
また，△ACEは
AC＝AEの二等辺
三角形なので，

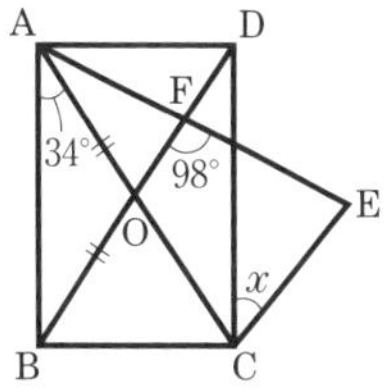

∠AEC＝∠ACE＝∠x＋34°
ここで，長方形ABCDの対角線ACとBDの交点をOとすると，OA＝OBより，△OABは二等辺三角形だから，

$\angle OBA=\angle OAB=34^\circ$であり，
$\angle COF=\angle AOB=180^\circ-34^\circ\times 2$
$=112^\circ$
四角形FOCEにおいて，内角の和は360°だから，
$98^\circ+112^\circ+(\angle x+34^\circ)\times 2=360^\circ$
これを解いて，$\angle x=41^\circ$

(4) △DACと△ECBは正三角形だから，
AC=DC ……①，CE=CB ……②
また，$\angle ACE=180^\circ-\angle ECB=120^\circ$
$\angle DCB=180^\circ-\angle ACD=120^\circ$より，
$\angle ACE=\angle DCB=120^\circ$ ……③
①，②，③より，2組の辺とその間の角がそれぞれ等しいので，
△ACE≡△DCB
よって，$\angle BDC=\angle EAC=a^\circ$
また，$\angle DCB=120^\circ$だから，
$\angle DBC=180^\circ-(\angle DCB+\angle BDC)$
$=180^\circ-(120^\circ+a^\circ)=60^\circ-a^\circ$

2 (1) △EFGはEG=EFの二等辺三角形で，$\angle GEF=90^\circ$だから，
$\angle EGF=(180^\circ-90^\circ)\div 2=45^\circ$
よって，
$\angle DGF=180^\circ-(\angle AGE+\angle EGF)$
$=180^\circ-(74^\circ+45^\circ)=61^\circ$

4 (1) 点Aと点D，点Bと点Eをそれぞれ結ぶと，$\overset{\frown}{AB}$に対する円周角より，
$\angle AEB=\angle ADB=50^\circ$となるから，
$\angle BEC=180^\circ-\angle AEB=180^\circ-50^\circ$
$=130^\circ$

9日目 図形③

整理しよう　解答

❶ (1) 相似な三角形…△ABC∽△AED
相似条件…2組の角がそれぞれ等しい
(2) 相似な三角形…△ABP∽△CDP
相似条件…2組の辺の比とその間の角がそれぞれ等しい
❷ (1) $x=1.8$，$y=7$　(2) $x=8$，$y=13.5$
(3) $x=3.6$　(4) $x=1$
❸ (1) 8：27　(2) 80cm^2
❹ (1) $x=5$　(2) $x=2\sqrt{6}$
❺ (1) 3cm　(2) $3+\sqrt{3}$(cm)
❻ (1) $\sqrt{21}$ cm　(2) $2\sqrt{21}$ cm

解説

❶ (1) $\angle ABC=\angle AED=55^\circ$
$\angle BAC=\angle EAD$より，2組の角がそれぞれ等しい。
(2) AP：CP=3：4.5=2：3
BP：DP=4：6=2：3
$\angle APB=\angle CPD$より，2組の辺の比とその間の角がそれぞれ等しい。

❷ (1) DE∥BCより，AD：DB=AE：ECだから，3：1.2=4.5：x　$x=1.8$
また，AD：AB=DE：BCだから，
3：(3+1.2)=5：y　$y=7$
(2) AB∥CDより，AP：CP=BP：DPだから，9：6=12：x　$x=8$
また，AB：CD=AP：CPだから，
y：9=9：6　$y=13.5$
(3) ℓ∥m∥nより，6：2=x：1.2　$x=3.6$
(4) △ABOで，中点連結定理より，
$$MN=\frac{1}{2}AO=\frac{1}{2}\times 4=2(\mathrm{cm})$$
また，MN∥AOとなり，△CMNで，
CO：CN=1：2より，
PO：MN=CO：CN=1：2

よって，$x=2\times\frac{1}{2}=1$

❸ (1) $2^3:3^3=8:27$

(2) $2^2:3^2=4:9$

Pの表面積は，$180\times\frac{4}{9}=80(\mathrm{cm}^2)$

❹ (1) $x^2=3^2+4^2=25$　$x=5$

(2) $x^2=7^2-5^2=24$　$x=\sqrt{24}=2\sqrt{6}$

❺ (1) $\mathrm{AH}:\mathrm{AB}=1:\sqrt{2}$

$\mathrm{AH}=3\sqrt{2}\times\frac{1}{\sqrt{2}}=3(\mathrm{cm})$

(2) (1)より，$\mathrm{BH}=\mathrm{AH}=3\mathrm{cm}$

$\mathrm{AH}:\mathrm{HC}=\sqrt{3}:1$より，

$\mathrm{HC}=3\times\frac{1}{\sqrt{3}}=\sqrt{3}(\mathrm{cm})$

よって，$\mathrm{BC}=\mathrm{BH}+\mathrm{HC}=3+\sqrt{3}(\mathrm{cm})$

❻ (1) $\mathrm{AH}^2=\mathrm{AO}^2-\mathrm{OH}^2=5^2-2^2=21$

よって，$\mathrm{AH}=\sqrt{21}(\mathrm{cm})$

(2) 円の中心から弦に引いた垂線は弦を二等分するから，$\mathrm{AB}=2\mathrm{AH}=2\sqrt{21}(\mathrm{cm})$

定着させよう　解答

1 (1) 8　(2) $\frac{24}{5}$cm　(3) 16倍

2 (1) △AEDと△ABCで，

$\mathrm{AD}:\mathrm{AC}=6:(8+10)$

$=1:3$　……①

$\mathrm{AE}:\mathrm{AB}=8:(6+18)$

$=1:3$　……②

$\angle\mathrm{EAD}=\angle\mathrm{BAC}$　……③

①，②，③より，2組の辺の比とその間の角がそれぞれ等しいので，

△AED∽△ABC

(2) $22\mathrm{cm}^2$

3 (1) $16\pi\mathrm{cm}^3$　(2) $4\sqrt{3}$cm　(3) $2\pi\mathrm{cm}^2$

4 (1) $\sqrt{22}$cm　(2) $\frac{15}{2}\mathrm{cm}^3$

解説

1 (1) DE∥BCより，DE：BC＝AD：AB

$x:14=4:(4+3)$　$x=8$

(2) FG∥DE∥BCより，

$\mathrm{FD}:\mathrm{DB}=\mathrm{GE}:\mathrm{EC}=4:6=2:3$

よって，$\mathrm{FD}:\mathrm{FB}=2:(2+3)=2:5$

だから，$\mathrm{FD}=12\times\frac{2}{5}=\frac{24}{5}(\mathrm{cm})$

(3) △DPQと△DECは相似比が1：2の相似な三角形となる。

よって，$\triangle\mathrm{DPQ}:\triangle\mathrm{DEC}=1^2:2^2=1:4$より，△DECの面積は△DPQの4倍となる。

また，BE＝ECより，△DBE＝△DEC

△DBCの面積は△DECの2倍であり，同様に，AD＝DBより，△ABCの面積は，△DBCの2倍となる。

したがって，△ABCの面積は△DPQの，$4\times2\times2=16$(倍)

2 (2) (1)より，△AEDと△ABCの相似比は1：3だから，

$\triangle\mathrm{AED}:\triangle\mathrm{ABC}=1^2:3^2=1:9$

となる。よって，

$\triangle\mathrm{AED}=\frac{1}{9}\triangle\mathrm{ABC}=\frac{1}{9}\times198$

$=22(\mathrm{cm}^2)$

3 (1) $\mathrm{AC}^2=\mathrm{AB}^2-\mathrm{BC}^2=5^2-4^2=9$

AC＝3cmより，底面の半径が4cmで，高さが3cmの円錐となる。

$\frac{1}{3}\times(\pi\times4^2)\times3=16\pi(\mathrm{cm}^3)$

(2) $\mathrm{BD}^2=\mathrm{AB}^2-\mathrm{AD}^2=6^2-2^2=32$

また，$\mathrm{DC}=\mathrm{AC}-\mathrm{AD}=6-2=4(\mathrm{cm})$

$\mathrm{BC}^2=\mathrm{BD}^2+\mathrm{DC}^2=32+4^2=48$

よって，$\mathrm{BC}=\sqrt{48}=4\sqrt{3}(\mathrm{cm})$

(3) 正六角形ABCDEFは3本の対角線AD，BE，CFで，1辺が2cmの6つの正三角形に分けられる。

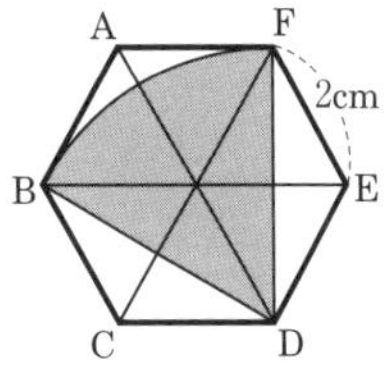

AF＝2cm，

AD＝4cm，

∠DAF＝60°より，

△AFDは，∠AFD＝90°の直角三角形となる。

よって，$\mathrm{AF}:\mathrm{FD}=1:\sqrt{3}$より，

$\mathrm{FD}=\sqrt{3}\,\mathrm{AF}=2\sqrt{3}(\mathrm{cm})$

△FBDは正三角形だから，$\angle BDF=60^\circ$
したがって，おうぎ形DBFは半径$2\sqrt{3}$ cm，中心角60°のおうぎ形だから，

$\pi\times(2\sqrt{3})^2\times\frac{60}{360}=2\pi(\mathrm{cm}^2)$

4 (1) 線分BDをひくと，△DBPは直角三角形になる。
$DB^2=DA^2+AB^2=3^2+3^2=18$,
$BP^2=2^2=4$だから，
$DP^2=18+4=22$より，$DP=\sqrt{22}$(cm)

(2) 右の図のようにAQ，BF，CRの延長線の交点をSとすると，四角錐BAQRCの体積は，三角錐SABCの体積から三角錐SQFRと三角錐BQFRの体積をひけば求められる。

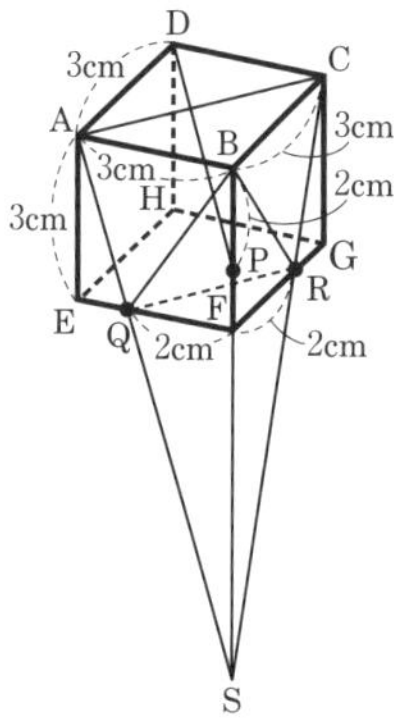

AB∥QFより，
BS：FS=AB：QF=3：2となるので，BF：FS=(3−2)：2=1：2より，
FS=2BF=2×3=6(cm)
よって，三角錐SABCの体積は，

$\frac{1}{3}\times\left(\frac{1}{2}\times3\times3\right)\times(3+6)=\frac{27}{2}(\mathrm{cm}^3)$

三角錐SQFRの体積は，

$\frac{1}{3}\times\left(\frac{1}{2}\times2\times2\right)\times6=4(\mathrm{cm}^3)$

三角錐BQFRの体積は，

$\frac{1}{3}\times\left(\frac{1}{2}\times2\times2\right)\times3=2(\mathrm{cm}^3)$

よって，四角錐BAQRCの体積は，

$\frac{27}{2}-4-2=\frac{15}{2}(\mathrm{cm}^3)$

10日目 データの活用

整理しよう　解答

1 (1) 表の空欄に入る数…3

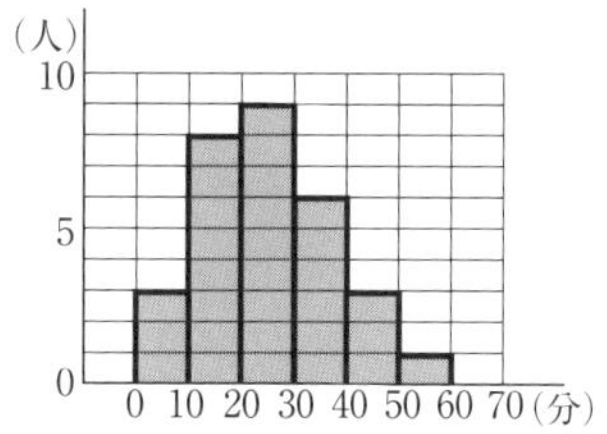

(2) 0.2

2 (1) 平均値…14.7 g　中央値…17.5 g
最頻値…20 g
(2) **ア**…6　**イ**…20

3 (1) 8通り　(2) $\frac{1}{8}$

4 (1) $\frac{1}{12}$　(2) $\frac{35}{36}$

5 ア，ウ　**6** およそ360個

解説

1 (1) 空欄に入る数は30−(3+8+9+6+1)=3
(2) 6÷30=0.2

2 (1) 10個の重さの合計は，
4+6×3+15+20×4+30=147(g)
だから，平均値は，147÷10=14.7(g)
全体の個数が10個なので，中央値は軽い順に数えて5番目と6番目の重さの平均となる。5番目は15g，6番目は20gだから，中央値は，
(15+20)÷2=17.5(g)
20gのビー玉が最も多いので，最頻値は20g。

(2) **ア**は第1四分位数，**イ**は第3四分位数である。データを，重さが軽いもの(値の小さいもの)から順に並べると，灰色にぬられた数が第1四分位数，□で囲まれた数が第3四分位数である。
4，6，6，6，15，¦20，20，20，20，30

❸ (1) 表裏の出方は(500円，100円，10円)
=(表，表，表)，(表，表，裏)，
(表，裏，表)，(表，裏，裏)，
(裏，表，表)，(裏，表，裏)，
(裏，裏，表)，(裏，裏，裏)の８通り。

(2) ３枚とも裏になるのは１通りで，確率は$\frac{1}{8}$

❹ (1) すべての目の出方は，6×6=36(通り)
出る目の数の和が10になるのは，(大の目，小の目)=(4，6)，(5，5)，(6，4)の３通り。よって，確率は，$\frac{3}{36}=\frac{1}{12}$

(2) 出る目の数の和が３以上にならないのは，(大の目，小の目)=(1，1)の１通りだけで，その確率は$\frac{1}{36}$だから，求める確率は，$1-\frac{1}{36}=\frac{35}{36}$

❺ **ア** 世論調査を全数調査で行うと，膨大な費用や労力がかかり，現実的ではない。
ウ 品質検査を全数調査で行うと，売る商品がなくなってしまう。

❻ 抽出された玉に含まれていた赤玉の割合は，$\frac{18}{50}=\frac{9}{25}$であり，この割合は袋の中に入っている赤玉の割合にほぼ等しいと考えられる。よって，$1000\times\frac{9}{25}=360$(個)

定着させよう　解答

1 (1) 19分　(2) **ウ**
2 (1) 15％　(2) 4.5冊
3 (1) $\frac{1}{12}$　(2) $\frac{1}{5}$　(3) $\frac{13}{36}$
4 $\frac{7}{10}$
5 **ウ**

解説

1 (1) 各階級の(階級値)×(度数)の合計は，
5×4+15×7+25×6+35×3=380(分)
となるので，平均は，380÷20=19(分)

(2) **ウ**　学習時間が３～６時間の生徒と２～３時間の生徒の人数はほぼ等しい。

2 (1) 6÷40×100=15(％)

(2) ４冊以下は，1+4+5+10=20(人)
なので，20番目の生徒の冊数は４冊，21番目の生徒の冊数は５冊とわかる。
よって，中央値は，(4+5)÷2=4.5(冊)

3 (1) 出る目の数の和が10より大きいのは，(5，6)，(6，5)，(6，6)の３通りだから，確率は，$\frac{3}{36}=\frac{1}{12}$

(2) できる２けたの整数のうち，十の位が１のものは，12，13，14，15の４通りあり，十の位が２，３，４，５のものもそれぞれ４通りあるから，できる２けたの整数は全部で，4×5=20(通り)ある。このうち，４の倍数は12，24，32，52の４通りだから，確率は，$\frac{4}{20}=\frac{1}{5}$

(3) ２個ずつ入っている１の玉と４の玉をそれぞれ$1a$，$1b$，$4a$，$4b$と区別して考えると，右の表より，取り出し方は全部で，6×6=36(通り)ある。

		2回目					
		$1a$	$1b$	2	3	$4a$	$4b$
1回目	$1a$			○	○	○	○
	$1b$			○	○	○	○
	2				○	○	○
	3					○	○
	$4a$						
	$4b$						

このうち，２回目に取り出した玉の数字が１回目よりも大きくなるのは，○をつけた13通りなので，確率は$\frac{13}{36}$

4 ５人のうち，男子３人をA，B，C，女子２人をD，Eと表すと，販売係２人の選び方は，(A，B)，(A，C)，(A，D)，(A，E)，(B，C)，(B，D)，(B，E)，(C，D)，(C，E)，(D，E)の10通り。
このうち，少なくとも１人は女子であるのは，下線を引いた７通りだから，確率は$\frac{7}{10}$

5 抽出された玉において，白玉は，
30−5=25(個)含まれているので，白玉と黒玉の個数の比は，25：5=5：1
はじめに入っていた白玉の個数をx個とすると，x：50=5：1より，x=250となる。

第1回 入試にチャレンジ

解答

1 (1) ① 12 ② $5a+4b$ ③ $3x+2y$
④ $5\sqrt{2}$
(2) $x=-3,\ 6$ (3) 10 (4) 108°
(5) 8：27 (6) $\frac{5}{8}$

2 例 2個入りの袋がx袋，3個入りの袋がy袋売れたとすると
$\begin{cases} 2x+3y=150 \cdots ① \\ 80x+100y=5440 \cdots ② \end{cases}$
①×40より，$80x+120y=6000 \cdots ③$
③−②より，$20y=560$ $y=28$
これを①に代入して，$2x+3\times28=150$
$2x=66$ $x=33$
答：2個入りの袋…33袋，
3個入りの袋…28袋

3 (1) 曜日…木曜日 勤務形態…休み
(2) ① 49 ② $5n-1$(日目)

4 (1) $\frac{1}{2}$ (2) $y=\frac{1}{2}x+3$
(3) ① **イ** ② **キ** (4) $\frac{55}{2}$cm^2

5 (1) 60°
(2) △ACEと△DCBで，
△ACDと△CBEは正三角形だから，AC=DC…①，CE=CB…②，
∠ACD=∠ECB=60°…③
また，
∠ACE=∠ACD+∠DCE…④，
∠DCB=∠ECB+∠DCE…⑤
③，④，⑤より，
∠ACE=∠DCB…⑥
①，②，⑥より，2組の辺とその間の角がそれぞれ等しいので，
△ACE≡△DCB
(3) ① C，F ② ∠BCE
(4) ① **え**…△BEG，**お**…2：1
② $2\sqrt{7}$cm ③ $\frac{6\sqrt{3}}{7}$cm^2

解説

1 (1) ③ 与式$=(6x^2y+4xy^2)\times\frac{1}{2xy}$
$=6x^2y\times\frac{1}{2xy}+4xy^2\times\frac{1}{2xy}=3x+2y$
④ 与式$=\sqrt{2^2\times2}+\sqrt{2}\times\sqrt{3}\times\sqrt{3}$
$=2\sqrt{2}+3\sqrt{2}=5\sqrt{2}$
(4) $\overset{\frown}{BC}$に対する円周角と中心角の関係より，
∠BOC=2∠BDC=2×27°=54°
$\overset{\frown}{AB}=\overset{\frown}{BC}$より，
∠x=2∠BOC=2×54°=108°
(6) 3枚の硬貨すべての表裏の出方は，
2×2×2=8(通り)。このうち，100円未満の場合が，(500円，100円，50円)=(裏，裏，裏)，(裏，裏，表)の2通り，600円より多い場合が，(500円，100円，50円)=(表，表，表)の1通りで，合わせて3通り。
よって，求める確率は$1-\frac{3}{8}=\frac{5}{8}$

3 (1) 40÷7=5あまり5より，40日目は5週間後の日曜日から数えて5日目となるので，木曜日。また，勤務形態は，40÷5=8より，5日目と同じになり，休みである。
(2) ① 1回目以降は5日ごとに夜勤となるので，10回目は1回目の，5×(10−1)=45(日後) 4+45=49
② n回目の夜勤は1回目の$5(n-1)$日後。$4+5(n-1)=5n-1$(日目)

4 (2) $y=\frac{1}{2}x^2$に$x=3$を代入して，
$y=\frac{1}{2}\times3^2=\frac{9}{2}$より，$\mathrm{B}\left(3,\ \frac{9}{2}\right)$
よって，直線ABの傾きは，
$\left(\frac{9}{2}-2\right)\div\{3-(-2)\}=\frac{1}{2}$
$y=\frac{1}{2}x+c$とおき，$x=-2$，$y=2$を代入すると，$c=3$より，$y=\frac{1}{2}x+3$

(4) 右の図のように，点P，Qをとると，P(0，3)，Q(0，−2)より，PQ=5

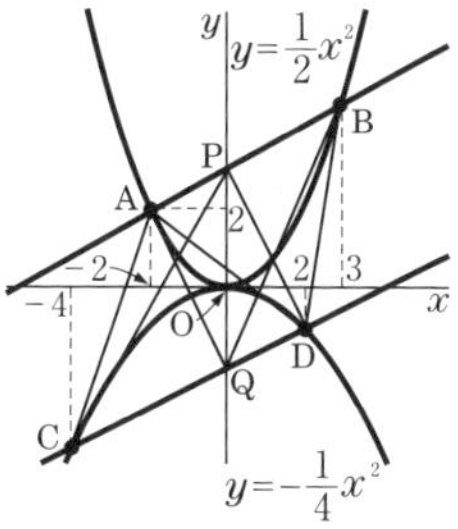

AB∥CDより，

$\triangle ACD=\triangle PCD=\triangle PCQ+\triangle PDQ$

$=\frac{1}{2}\times5\times4+\frac{1}{2}\times5\times2=15$

$\triangle ABD=\triangle ABQ=\triangle PAQ+\triangle PBQ$

$=\frac{1}{2}\times5\times2+\frac{1}{2}\times5\times3=\frac{25}{2}$

四角形ACDB=△ACD+△ABD

$=15+\frac{25}{2}=\frac{55}{2}(cm^2)$

5 (4) ② 点Bから辺CEに垂線BHをひくと，

$CH=6\times\frac{1}{2}=3(cm)$

$BH=\sqrt{3}CH=3\sqrt{3}(cm)$

また，CG：GE=2：1より，

$CG=\frac{2}{3}CE=\frac{2}{3}\times6=4(cm)$だから，

$GH=CG-CH=4-3=1(cm)$

よって，$BG=\sqrt{GH^2+BH^2}$

$=\sqrt{1^2+(3\sqrt{3})^2}=2\sqrt{7}(cm)$

③ (3)より，∠EFG=∠BCG

また，∠EGF=∠BGCより，2組の角がそれぞれ等しいから，

△EFG∽△BCG

相似比は，$EG:BG=(6-4):2\sqrt{7}$

$=1:\sqrt{7}$だから，

$\triangle EFG:\triangle BCG=1^2:(\sqrt{7})^2$

=1：7となる。

$\triangle BCG=\frac{1}{2}\times4\times3\sqrt{3}=6\sqrt{3}(cm^2)$

だから，

$\triangle EFG=\frac{1}{7}\times6\sqrt{3}=\frac{6\sqrt{3}}{7}(cm^2)$

第2回 入試にチャレンジ

解答

1 (1) ① $\frac{13}{6}$ ② $\frac{5x-y}{6}$

③ $3x+7$ ④ $\sqrt{5}$

(2) $3a+4b\leqq3000$ (3) $(x+5)(x-4)$

(4) $y=-\frac{4}{5}x+4$ (5) 56 (6) 27°

2 (1) $\begin{cases}x+y=60\\1.3x+0.8y=68\end{cases}$

(2) 6月：アルミ缶…40kg

スチール缶…20kg

7月：アルミ缶…52kg

スチール缶…16kg

3 (1) B→C，B→D (2) $\frac{7}{16}$

4 (1) $100\pi cm^2$

(2) ① 42°

② △ABDと△BACで，

AB=BA …①

ABは直径だから，

∠ADB=∠BCA=90° …②

AB∥CDより，

∠BAD=∠ADC …③

$\overset{\frown}{AC}$に対する円周角より，

∠ADC=∠ABC …④

③，④より，

∠BAD=∠ABC …⑤

①，②，⑤より，直角三角形で斜辺と1つの鋭角がそれぞれ等しいので，△ABD≡△BAC

③ $\frac{60}{11}cm^2$

5 (1) −3 (2) 4cm (3) $y=-3x-6$

(4) $9cm^2$

解説

1 (1) ③ 与式$=(x^2+2x+1)-(x^2-x-6)$

$=x^2+2x+1-x^2+x+6=3x+7$

④ 与式$=2\sqrt{5}+2\sqrt{5}-3\sqrt{5}=\sqrt{5}$

(2) 大人３人の入園料は$3a$円，子ども４人の入園料は$4b$円で，その合計が3000円以下だから，$3a+4b \leqq 3000$

(6) $\angle ABC=(180^\circ-42^\circ)\div 2=69^\circ$
$\angle ABD=\angle BAD=42^\circ$
よって，$\angle x=69^\circ-42^\circ=27^\circ$

2 (2) $\begin{cases} x+y=60 & \cdots ① \\ 1.3x+0.8y=68 & \cdots ② \end{cases}$
②×10−①×8より，$x=40$
これを①に代入して，$y=20$
７月に回収した
アルミ缶は，$1.3\times 40=52$(kg)，
スチール缶は，$0.8\times 20=16$(kg)

3 (1) Xの十の位が２となるのは１枚目が[B]のときだけで，このとき，Xの一の位が３となるのは２枚目が[C]か[D]のときである。

(2) すべての取り出し方は下の樹形図より，16通りある。このうち，Xが素数となるのは○印をつけた７通りだから，確率は$\dfrac{7}{16}$

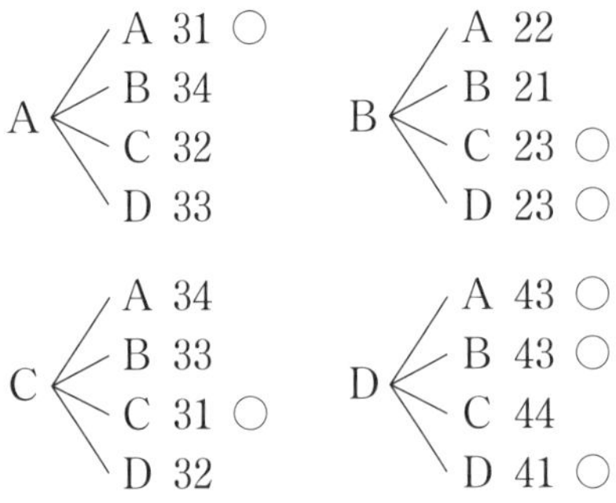

4 (1) $4\times\pi\times 5^2=100\pi$(cm^2)

(2) ① $\angle BOD=2\angle BAD=2\times 21^\circ=42^\circ$

③ OからCDに垂線OHをひくと，
$DH=\dfrac{1}{2}CD=\dfrac{1}{2}\times 6=3$(cm)
よって，$OH=\sqrt{OD^2-DH^2}$
$=\sqrt{5^2-3^2}=4$(cm)
$\triangle OBD=\dfrac{1}{2}\times OB\times OH$
$=\dfrac{1}{2}\times 5\times 4=10$(cm^2)
また，CD∥OBより，
DE：OE＝CD：BO＝6：5だから，
DE：DO＝6：(6＋5)＝6：11より，
△BED：△OBD＝6：11
したがって，$\triangle BED=\dfrac{6}{11}\triangle OBD$
$=\dfrac{6}{11}\times 10=\dfrac{60}{11}$(cm^2)

5 (1) $y=-3x^2$に$x=-1$を代入すると，
点Cのy座標は，$y=-3\times(-1)^2=-3$

(2) $y=-3x^2$に$y=-12$を代入すると，
$-12=-3x^2$　$x=\pm 2$より，
A(−2，−12)，B(2，−12)
よって，AB＝2−(−2)＝4(cm)

(3) 直線BCの傾きは，$\dfrac{-12-(-3)}{2-(-1)}=-3$
$y=-3x+b$とおき，点Bの座標の値を代入すると，$b=-6$より，$y=-3x-6$

(4) BCとy軸の交点をPとすると，BCの切片より，OP＝6cmだから，
△OBC＝△OPC＋△OPB
$=\dfrac{1}{2}\times 6\times 1+\dfrac{1}{2}\times 6\times 2=9$(cm^2)